Development of Critical Nitrogen Dilution Curves for
Maize Nitrogen Status Diagnosis

玉米临界氮浓度模型构建与氮素营养诊断研究

贾彪 著

中国农业科学技术出版社

图书在版编目（CIP）数据

玉米临界氮浓度模型构建与氮素营养诊断研究／贾彪著. —北京：中国农业
科学技术出版社，2020. 10

ISBN 978-7-5116-4764-1

Ⅰ.①玉…　Ⅱ.①贾…　Ⅲ.①玉米-氮素营养-营养诊断-研究　Ⅳ.①S513

中国版本图书馆 CIP 数据核字（2020）第 088861 号

责任编辑　　陶　莲
责任校对　　贾海霞

出 版 者　　中国农业科学技术出版社
　　　　　　　北京市中关村南大街 12 号　邮编：100081
电　　话　　(010)82106625(编辑室)　　(010)82109702(发行部)
　　　　　　　(010)82109709(读者服务部)
传　　真　　(010)82106625
网　　址　　http://www.castp.cn
经 销 者　　各地新华书店
印 刷 者　　北京建宏印刷有限公司
开　　本　　710mm×1 000mm　1/16
印　　张　　7. 25
字　　数　　118 千字
版　　次　　2020 年 10 月第 1 版　2020 年 10 月第 1 次印刷
定　　价　　88. 00 元

前　言

　　玉米是我国四大粮食作物之一，也是宁夏回族自治区（全书简称宁夏）特色优势作物，具有很强的生态适应性。在宁夏四大粮食作物生产中，玉米的种植面积和总产位居第一，已成为宁夏农民增收的主渠道，在全国玉米产业发展中占有极其重要的地位。宁夏引黄灌区光、温资源充足，年降水量少，蒸发量大，以灌溉农业为主，由于多年采用大水漫灌模式，难以实现追施氮肥，习惯播种前和拔节期施肥，而灌浆期不施肥，前重后轻的施肥方式往往使玉米因生育前期植株发育过旺而使后期倒伏风险加大，进而影响玉米产量。

　　水肥一体化技术是宁夏灌区近年来推广的一项农业生产新技术，将施肥与灌水融合为一体，为高产高效玉米生产创造了极为有利的条件，但在覆膜滴灌玉米生产中，氮肥管理问题依然突出，由于氮肥进入土壤后，易被土壤吸附、固持，大部分难以被当季玉米吸收利用。在未来玉米集约化种植过程中，必须面对和解决的关键问题是如何实现水肥精准管理与达到持续增产增效的同时，准确监测和评价玉米氮素营养状况，这对优化其生育期氮肥管理至关重要。

　　宁夏引黄灌区在精确诊断玉米植株氮素营养状况方面，围绕传统测土配方等方法，在植株氮素营养精确诊断等方面做了大量研究，但其缺点是当作物处于奢侈吸收时，所得结果变异性较大。因此，及时确定玉米各生育阶段内获得最大生物量增长所需要的最少氮营养，有效诊断玉米植株氮素盈亏情况，准确判断氮肥施用量是否合理已成为了解玉米氮营养状况尤为重要的方法，达到在玉米生长与养分运输、分配和产量形成过程中实现氮素供需平衡和节能增效的目的，避免肥料浪费。

　　临界氮浓度是植物在一定的生长时期内获得最大生物量时的最小氮浓度值，即植株获得最大生物量增长所需要的最少氮营养。可用于诊断农作物氮素营养状况，临界氮稀释曲线及基于此的氮营养指数可以动态描述作物氮素营养状况的变化，因此，基于临界氮浓度曲线的作物生长模拟模型因其在作物氮诊断中的准确性和稳定性而备受关注。该生长模型对于优化滴灌玉米不同生长阶段所需的氮含量、促进玉米提质增效和保护生态环境具有重要意义。

近年来，国内外学者已开展了大量作物临界氮浓度模型构建等方面的研究，但目前并没有相关专著出版。为了更好地帮助高等农业院校及科研单位相关专业的科技工作者从事科学研究，我们在认真总结和归纳前期研究成果的基础上，组织多名从事相关研究的科技工作者和教授，编写了本专著《玉米临界氮浓度模型构建与氮素营养诊断研究》。第 1 部分主要介绍了作物临界氮浓度研究的意义和必要性，以及国内外研究现状；第 2 部分重点介绍了本研究的主要内容以及最近几年来在玉米临界氮浓度研究中所采用研究思路与方法；第 3 部分重点介绍了滴灌玉米临界氮稀释曲线与氮素营养诊断的研究与结果；第 4 部分构建了基于临界氮浓度的宁夏玉米氮吸收与亏缺模型以及相关研究结果；第 5 部分重点介绍了基于叶片干物质的滴灌玉米临界氮浓度稀释曲线构建；第 6 部分重点介绍了基于 LAI 的滴灌玉米临界氮浓度模型与氮素营养诊断研究；第 7 部分重点介绍了水肥一体化施氮水平对玉米籽粒灌浆和脱水过程影响；第 8 部分重点介绍了滴灌施氮水平下玉米籽粒灌浆过程模拟的研究；第 9 部分主要介绍了玉米临界氮浓度模型研究展望以及研究过程中存在的主要问题。

本专著可作为农学类专业科技工作者、高等院校师生在农业信息技术与精准农业方面的学习参考资料。本书依托国家自然科学基金项目、宁夏回族自治区东西部合作项目等资助，是多年研究工作的阶段性总结，是宁夏自然科学基金项目（2020AAC02012）、宁夏回族自治区重点研发计划（2019BBF03009 和2018BBF02004）、国家自然科学基金项目（31560339）以及宁夏大学草学一流学科建设项目（NXYLXK2017A01）所取得的科研成果的展现，是参与项目的科学家和在实施过程中所有参与课题研究的队伍智慧和劳动的结晶。除本书作者以外，许多专家和老师也参与了大量的研究工作，并在本专著的编写工作中给予指导意见，他们是宁夏大学孙权教授、马琨教授和康建宏教授，石河子大学马富裕教授，中国农业科学院作物科学研究所李少昆研究员、侯鹏副研究员等，在本书出版之际向他们辛勤的付出表示衷心感谢！

由于水平所限，书中不妥之处在所难免，敬请各位专家同行与参阅者批评指正。

著 者
2020 年 6 月

目　录

1 文献综述

1.1 研究的意义和必要性

氮素是蛋白质、核酸和植物体内多种酶的重要组成成分。此外，氮素还参与构成了动植物体内的维生素、生物碱以及部分植物激素。因此，氮素直接和间接影响动植物的各项生命活动，被誉为"生命元素"。作物的生长过程中如果缺氮，其根系生长会受到显著限制，进而影响地上部植株的生长发育进程，导致植株早熟，种子和果实小而不实，严重降低了作物的产量和品质，而作物植株体内保持适宜的氮素营养状况可以有效提高作物产量和改善作物产品品质（Le et al.，1998）。氮是作物生长发育过程中需求量最大的营养元素，实现作物产量与氮肥利用效率协同提高，是实现氮肥精准管理的基础，对于保障我国粮食生产和生态环境安全具有非常重要的意义。化肥在我国农业发展过程中起着决定性作用，而不合理施肥尤其是过量施氮导致的环境问题日益突出，与氮肥相关的水资源污染、土壤酸化和大气污染等问题成了舆论的焦点。据联合国粮农组织（The Food and Agriculture Organization of the United Nations，FAO）统计，发展中国家粮食增产的55%以上归功于化肥。施入过量氮肥大大降低了氮素利用率，给农业生产带来了不可估量的损失。目前，世界谷物类作物平均的氮肥利用率较低，为33%左右（Raun et al.，1999），我国氮素当季利用率为30%~35%，大大低于美国和日本的氮素利用率（可达60%~70%）。我国在1985—1996年，仅氮肥的损失就达1 980亿元（吴建富等，2003），一定程度上，施氮量的增加并没有使作物品质得到改善，产量也没有随之增加。相反，由于大量氮肥不能被作物吸收，过量的氮元素进入地表水、地下水和大气中，增加了环境污染的风险。如导致地下水和湖泊水的富氧化、温室气体排放量的增加、氮肥附属化合物引起的农产品重金属及有毒元素含量超标等，均会造成大量资源的浪费以及环境的严重污染，给农业生产带来严重威胁。为了避免过量使用氮肥，欧盟 1991 年就颁布了 Nitrates Directive 91/676/EEC 指令，该指令明确规定：对污水、畜禽分泌物的排放、化肥的过度使用做出削减方案；对于脆弱地带，拟定减少由硝酸盐引起的水质污染。因此，探索利用多种田间观测手段并结合农学知识进行氮素营养精确诊断，确定合适的施肥时间及施入量以及如何减少氮素损失，提高氮素利用率成为精准农业研究中的重点问题。

玉米作为中国四大粮食作物之一，具有很强的生态适应性，在我国的社会发展进程中有着举足轻重的地位（赵久然等，2009）。玉米是半干旱地区主要种植作物，现已大面积推广应用覆膜滴灌技术，为高产高效玉米生产创造了极为有利的条件。但在覆膜滴灌玉米生产中，氮肥管理问题依然突出，由于氮肥进入土壤后，易被土壤吸附、固持，大部分难以被当季植物吸收利用，因此存在当季利用率低的特点（林国林等，2011）。及时有效地监测作物体内氮营养状况并以此为依据合理施肥，可实现氮素供需平衡和节能增效的目的。因此，判断氮肥施用量是否合理尤为重要，诊断作物体内氮素盈亏状况的基本方法之一，是确定作物的临界氮浓度值，临界氮浓度为在一定生长时期内获得最大生物量时的最小氮浓度，其对实时了解作物氮营养状况，提高作物品质及产量，避免肥料浪费具有重要意义。

临界氮浓度指的是植物在一定的生长时期内获得最大生物量时的最小氮浓度值，是指获得最大生物量增长所需要的最少氮营养，可用于诊断农作物氮素营养状况，临界氮稀释曲线及基于此的氮营养指数可以动态描述作物氮素营养状况的变化，确立作物临界氮浓度值是进行作物氮素营养诊断的基本方法之一，基于临界氮浓度的氮素营养诊断方法通常以作物的叶柄、叶片和茎或植物体整株的氮浓度为基础。临界氮浓度定义为获得最大地上部生物量时所需的最低氮浓度值，由氮浓度稀释模型计算得出。作物氮素营养的精确诊断与动态调控研究一直是精确农业的重要内容。为了能够实现肥料的合理利用，提高氮素利用率，在适宜的施肥时间以科学的施肥量获得较高的经济收益，同时实现作物生产的可持续发展，我们有必要在现代农业生产中去研究作物生长和氮素变化规律，以期达到高产、稳产、优质、高效、生态的作物生产。

1.2　作物临界氮浓度模型国内外研究现状

1.2.1　国外研究现状

目前，许多国内外学者已对部分作物的氮素营养做出了合理诊断并且已在多个不同作物上建立了地上部临界氮浓度稀释曲线模型。国外学者针对不同的作物开展了相关的试验研究，并且已经成功地应用在小麦、玉米、高粱、马铃薯、冬油菜、向日葵等作物上。在过去的 20 多年里，国际上十分重视作物生长与氮营养状况的研究，氮浓度在营养生长阶段随干物质的增加而下降，在生殖生长阶段也表现为相同的变化趋势（Tei et al.，1996），即使在氮肥充足的环境中。作物氮浓度逐渐降低主要是由 2 个原因造成：一是植株为了获得更多的光照向高处生长，导致作物生长过程中茎叶比的不断上升；二是为了作物冠层中的氮素被有效利用，遮阴叶片中氮素向顶部叶片进行转运，导致遮阴叶片中单位叶面积氮浓度下降（Lemaire et al.，2005）。

早在 1952 年，Ulrich 就提出了"临界氮浓度"的概念，它是指作物获得最大生物量所需要的最少氮营养元素。作物体内的临界氮浓度随地上部生物量的增长而降低，且存在幂函数关系，即临界氮稀释曲线 $N_c = aW^{-b}$（a、b 为参数）。Lemaire 等（1997）于 1984 年首次提出牧草的临界氮浓度稀释曲线模型，表明牧草在不受氮素限制时，地上部干物质量与氮浓度存在幂函数关系，土壤含氮量成为作物干物质量累积的主要限制因素之一。

为了准确地计算出作物不同生育期阶段的临界氮浓度，1990 年，Greenwood 等再次提出临界氮浓度的概念，定义为作物达到最大干物质所需要的最小氮浓度；其得出植株地上部的氮浓度（N，%）与地上部干物质量（DM，$t \cdot hm^{-2}$）存在幂函数关系，即为临界氮浓度变化曲线，临界氮浓度稀释曲线则是反映作物氮浓度与作物植株干物质之间的关系，其函数表示为 $N_c = a \cdot PDM^{-b}$，N_c 代表植株临界氮浓度（Critical Nitrogen Concentration，%），PDM 代表植株干物质（Plant Dry Matter，$t \cdot hm^{-2}$），a 代表植株干物质为 1 $t \cdot hm^{-2}$ 时的植株氮浓度，b 代表稀释系数（临界氮浓度随植株干物质增加而降低的关系）。Greenwood 等（1990）通过多个试验的平均值构建 C3、C4 作物的临界氮浓度与地上部干物质间的通用模型，$N = 5.17W^{-0.5}$（C3 作物）和 $N = 4.11W^{-0.5}$（C4 作物，$W > 1$ t·hm^{-2}）。而后，Lemaire 等（1990）对上述方程参数进行进一步的修正，系数 a 分别为 4.8 和 3.6，系数 b 为 0.34，完善了这一模型。但此模型是基于多个试验平均得到的结果，且供试作物有限，加之供试品种数量有限，因此并不能适用于一切 C3、C4 作物。

随后 Justes 等在 1994 年建立了冬小麦临界氮浓度稀释曲线模型 $N_c = 5.35 \times DM^{-0.442}$。Sheehy 等（1998）对热带水稻的研究结果为 $N_c = 5.35 \times DMM^{-0.5}$，随后该模型在冬油菜、玉米、向日葵、番茄、包心菜、马铃薯、高粱、甜椒等作物上均有应用。部分学者在水稻、小麦、玉米、棉花等作物上建立了地上部临界氮浓度稀释曲线模型，并对模型进行了修正，其氮素稀释曲线模型分别是 $N_c = 3.53\ DM^{-0.28}$、$N_c = 4.15DM^{-0.38}$、$N_c = 3.49\ DM^{-0.4134}$ 和 $N_c = 3.91\ DM^{-0.24}$，并利用这些模型对作物的氮素营养状况进行诊断，为合理施用氮肥提供了理论依据。这些研究所得到的模型形式一致，但参数大多不同。国外学者在法国（Ataulkarim et al., 2013）、德国（Herrmann et al., 2004）等地在玉米上建立和验证了曲线的可靠性；国内学者也先后在河北省吴桥县（梁效贵等，2013）、陕西省关中地区（李正鹏等，2015b）、吉林省长春市和四平市（Li et al., 2012）、山东省聊城市（Chen et al., 2013）等地建立了相应的临界氮稀释模型，但是其参数变化幅度较大，其中参数 a 的变化范围在 21.40~34.90；参数 b 的范围在 0.14~0.48。这说明临界氮浓度稀释模型可能因气候、品种等的不同而出现差异，这在很大程度上限制了临界氮稀释模型的通用性，特别是品种。氮素利用效率是植株氮素吸收和利用能力的综合反映，与临界氮浓度的关系也最密切。

近年来，国内外学者已针对番茄、牧草、甜椒和亚麻籽等建立了不同作物的临界氮浓度稀释曲线模型，并利用模型对作物进行氮营养诊断。基于临界氮浓度，氮营养指数（N Nutrition Index, NNI）被定义为实际氮浓度与临界氮浓度的比值，因其对作物氮营养水平变化敏感，可以作为评价氮营养状况的一个可靠指标（Lemaire et al., 2008）。

Ziadi 等（2008）也将营养指数作为玉米氮亏缺诊断的评价指标。而在不同浓度硝铵比营养液基质栽培番茄条件下，构建不同氮源番茄的临界氮浓度、氮营养指数和氮亏缺模型并诊断番茄氮营养状况，以及探究氮营养指数和植株氮累积量、地上部生物量和产量间关系的研究还未见报道。Giskum 和 Boelt

（2009）为验证此方法所建模型在牧草种子生产中的适用性，建立了多年生黑麦草和紫羊茅种子的临界氮稀释曲线模型，并验证了多花黑麦草、小麦和亚麻的临界氮稀释曲线模型在牧草种子生产中的适用性，但是紫花苜蓿、高羊茅、豌豆和油菜的临界氮浓度稀释曲线模型不适合在牧草种子生产中用来诊断氮素营养状况。通过比较种子产量确定施肥量的方法缺乏一定的生物学依据，很难定量、动态分析苜蓿的肥料需求量。采用临界氮稀释曲线模型和氮营养指数模型，对制种苜蓿整个生育时期的氮素营养状况进行诊断，确定适宜施肥量，更具有生产意义，其方法简便，准确可靠。

Bar-Tal 等（2011）研究表明增加氮浓度会提高甜椒对氮素的吸收，营养液含氮量为 8~9.2 mmol·L^{-1} 时利于甜椒茎和叶的干物质累积，9.2 mmol·L^{-1} 的含氮量则利于果实干物质累积。Christos（2011）研究了亚麻籽氮营养指数和氮肥利用效率的关系和利用氮营养指数估测产量的可行性。Yasuor 等（2013）发现滴灌条件下供应氮浓度为 56.2 mg·L^{-1} 最优，氮素营养大部分被甜椒吸收利用，既没产生过剩氮素污染环境也没因营养不良降低甜椒的产量和品质。植株氮浓度受水分供应影响，高灌水量会促进干物质累积，当施氮供应不充足时，会稀释植株体内的氮浓度。作为高价值蔬菜的甜椒对水分和氮素营养成分的要求较为严格，但农民仍然凭经验灌水施氮，因此优化水氮管理，提高产量和水肥利用效率，是甜椒规模化生产中亟待解决的问题。

在玉米研究中，Plènet 和 Lemaire（2000）在法国建立了临界氮浓度与地上部干物重的幂函数曲线模型（$N_c = 34.0W^{0.37}$），同时限定此模型适用于生物量大于 1 t·hm^{-2} 直到吐丝后 25 d 左右。4 年后，Herrmann 和 Taube（2004）在德国证明其适用范围可延伸至成熟期，a、b 参数稍有不同（$N_c = 34.12W^{0.391}$）。随后在澳大利亚（Lemaire et al.，2007）和加拿大（Ziadi et al.，2008）的研究也证实了该曲线的可靠性。但是，有学者指出临界氮浓度与地上部干物重的幂函数曲线模型的参数可能因试验地区或作物的不同出现差异。因此，对特定作物来说其地区的适用性研究就显得非常必要。

1.2.2　国内研究现状

作物临界氮浓度的研究在国内起步较晚，国内部分学者对作物临界氮浓度稀释曲线进行部分的研究。前人研究表明，临界氮浓度稀释曲线模型、氮营养指数模型和氮素吸收模型可诊断植株氮营养状况，明确植株需氮量。植株体内氮浓度受水分供应影响，适宜水分会促进干物质累积，当氮供应不足时，会稀释植株体内氮浓度。基于临界氮浓度稀释曲线及通过其计算的氮营养指数能够有效地诊断作物氮素营养状况并指导施肥，国内外学者在小麦、玉米、水稻3种作物上建立了不同生态区和品种的临界氮浓度稀释曲线，以期解决当地作物的氮肥管理问题。因此，不同水分处理下临界氮稀释曲线模型参数有较大的差别，需要根据实际的种植和处理情况进行氮素营养诊断。

马铃薯属于茄科茄属，因其耐旱、优质、高产等优点在世界各地广泛种植，是世界第四大粮食作物，仅次于水稻、小麦、玉米。Hu 等（2004）构建了马铃薯氮营养指数与氮肥利用效率、产量、光能利用效率及叶片参数间的关系，结果表明氮营养指数与相对产量、叶面积指数（LAI）、叶片含氮量呈线性正相关关系，与光能利用效率呈二次曲线关系。于鑫等（2003）分析了氮营养水平与叶片光谱、叶绿素含量值以及叶片光谱红边斜率和叶片含氮量之间的相关性，并建立了估算氮素含量的光谱回归模型。易秋香等（2006）采用相关性分析以及单变量线性与非线性拟合分析技术，对全氮含量与原始光谱反射率的关系进行了分析，得到的模型达到一定精度。棉花具有无限开花结铃习性，花后棉花的生长时期较长，是产量、品质形成的关键时期，现有棉花氮素运筹的研究仅仅把棉花花后的花铃期和吐絮期作为两个比较重要的"时间点"开展研究，显然不妥，针对花后棉株生长期间氮素营养状况、氮素需求量的研究迄今少有报道。薛晓萍等（2006b）构建长江中下游棉区和黄淮棉区棉花花后的临界、最低和最高氮浓度稀释曲线模型（南京，$N_c = 2.858W_{max}^{-0.131}$；安阳，$N_c = 3.387W_{max}^{-0.131}$），并得出该作物的最佳施氮量。王子胜等（2012）针对东北特早熟棉区建立了棉花全生育期的临界氮浓度稀释曲线模型（$N_c = 4.377W_{max}^{-0.252}$）。马露露等（2018）通过2年试验研究建立了新疆干旱区滴灌棉花的临界氮浓度稀释曲线（$N_c = 3.91W^{-0.24}$）和氮素营养指数模型，分析得到了该地区滴灌棉花的适宜施氮量在 240~360 kg·hm^{-2}。王维等（2012）利用叶绿素测定仪测定 SPAD 值作为烤烟氮素营养诊断的指标，结果表明 SPAD 在 40.5~43 范围（氮肥施用量为 75~110 kg·hm^{-2}）时，烟叶的产量、产值较高，烟叶化学成分较为协调。

国内部分学者也对黄瓜、番茄、甜椒等蔬菜进行了研究。黄瓜是葫芦科甜瓜属一年生攀缘草本植物，具有产量高、效益好等特点，是世界各地普遍栽培的重要蔬菜作物之一，在我国已经有 2 000 多年的栽培史。中国的设施栽培起步较晚，蔬菜种植主要是露地栽培，20 世纪 60 年代以来，温室、塑料大棚等栽培设施得到了迅猛发展（汪峰等，2017），设施栽培才得到发展。氮素是影响作物生长发育和产量的主要养分之一，在施氮时，一般难以掌握田间土壤的氮素养分差异和作物生长季节内的氮素状况变化，所以在实际生产中氮肥很难定量施用（张延丽等，2008）。黄瓜是浅根性作物，喜肥而又不耐肥。氮过量不仅会延迟黄瓜花芽分化，使幼苗嫩叶出现老化现象，生长点停止生长，易出现畸形瓜，而且会降低肥料利用率，同时还会增加黄瓜和土壤中亚硝酸盐的含量，加重土壤盐渍化（万述伟等，2013）。而氮不足会导致黄瓜生长缓慢，茎叶细小、退绿，产量降低。赵帅等（2012）研究了不同氮肥类型及施氮水平对大棚黄瓜产量和水分利用效率的影响，表明 550 kg·hm^{-2} 中等施氮水平的尿素添加硝化抑制剂施肥方式利于大棚黄瓜获取较高的产量和较高的水分利用效率。万述伟等（2013）研究了设施栽培黄瓜的氮磷钾肥料效应，表明供试条件下黄瓜最佳经济施肥量为 N 150 kg·hm^{-2}、K$_2$O 409.5 kg·hm^{-2}，不施或少施磷肥。研究的目的是确定设施栽培黄瓜的临界氮浓度稀释模型，并用此模型指导设施栽培黄瓜的氮素运用。同时，建立氮营养指数模型，从而定量判断黄瓜氮素营养状况，实现定量调控设施栽培黄瓜施氮量，为黄瓜生产中定量施肥提供依据。研究不同浓度硝铵比下番茄地上部生物量、植株含氮量的动态变化，建立基质栽培番茄不同浓度硝铵比的临界氮浓度稀释模型、氮营养指数模型和氮亏缺模型，并探讨氮营养指数和相对地上部生物量、相对氮累积量和相对产量间的关系，以及利用氮营养指数估测基质栽培番茄植株氮素盈亏水平的可行性，以期为基质栽培番茄氮素的合理施用提供理论依据和技术支持。王新等（2013）构建了滴灌番茄地上部生物量的临界氮浓度稀释曲线模型，分析得到了新疆北疆番茄的最佳施氮量为 300 kg·hm^{-2}。杨慧等（2015）研究了在不同水氮条件处理下的温室盆栽番茄的地上部生物量、氮浓度及氮素累积随生育期进程的动态变化，构建了不同水分条件下番茄的临界氮浓度稀释曲线模型，表现出不同灌水量处理氮浓度稀释模型参数不同，并发现在相同灌溉水平下，植株氮浓度随施氮量增加而增加，随生长进程而降低，随土壤水分增加植株体内氮浓度整体提高。作为高价值蔬菜的甜椒对水分和氮素营养成分的要求较为严格，但农民仍然凭经验灌水施氮，因此优化水氮管理，提高产量和水肥利用效率，是甜椒规模化生产中亟待解决的问题。向友珍等（2016）对甜椒的研究发现，随着土壤水分提高，植株的氮素吸收量和地上部干物质量呈先增大后减少的变化趋势，各水分条件下最佳施氮量均介于 150～225 kg·hm^{-2}。建立和验证滴灌施肥条件下日光温室甜椒临界氮浓度稀释曲线经验模型，以期为西北地区温室甜椒精准灌水施氮提供理论依据和技术支持。

水稻早在公元前 27 世纪的神农时代就被列入五谷之一（Lemaire et al., 1997）。如今，与小麦、玉米并称为世界三大作物。我国每年生产和消费稻米的总量位居世界第一。2014 年国家统计局的粮食产量公告数据表明，水稻的种植面积约占全国粮食作物总面积的 27%，而产量接近全国粮食总产量的 35%，全国有一半以上的人口以稻米为主食（Greenwood et al., 1990），随着世界人口的增多，耕地面积的日益减少，现有的生产水平已不能满足人们的生活需求。因此，实现高产、稳产对我国的国民经济发展和社会稳定有着举足轻重的影响和重要的战略意义。Ata-UI-Karim ST 等（2013）在中国长江中下游江苏地区研究建立了粳稻的临界氮浓度模型，试验数据表明，当干物质<1.55 t·ha^{-1}时，$N_c = 3.05\% DM$；当干物质在 1.55～12.37 t·hm^{2}时，植株干物质与植株氮浓度有较好的幂函数关系，$N_c = 3.53W^{-0.28}$，同时试验还发现，构建的粳稻临界氮浓度模型与已有的籼稻模型相比，氮浓度显著较低。综上所述，作物的临界氮浓度模型与品种、生长发育期、气候类型等多种因素有关，所以有关学者分别构建了水稻、玉米、油菜等作物的临界氮浓度稀释模型，且这些模型参数在不同环境和品种之间表现出一定的稳定性。基于以上的研究基础，赵犇（2012）和 Ata-UI-Karim ST 等（2013）分别对小麦和水稻各器官干物质与氮浓度的变化规律进行了系统研究，并在此基础上建立了小麦和水稻的叶片干物质、穗部干物质、茎干物质和植株叶面积指数的临界氮浓度模型，进一步证明和阐释了临界氮浓度理论在作物各器官上的应用。近年来，薛利红等（2003）研究了不同氮肥水平下多时相水稻冠层光谱反射特征及其与叶片氮累积量等参数的关系，结果表明，水稻冠层光谱反射率在近红外与绿光波段的比值与叶片氮积累量呈显著线性关系。这些研究将为指导水稻科学合理施用氮肥提供一定的依据。

在冬小麦的研究中，植株体的叶片是作物生长的中心问题，是光合组织的重要器官，组织器官的干物质分配和氮营养都是围绕满足叶片的生长发育所进行的，叶片干物质（LDM）和叶氮含量的大小与光合特性之间存在显著的正相关（Yao Xia et al., 2014b），通常情况下胁迫环境会改变干物质在各组织器官的分配过程，因此临界氮稀释曲线会随组织器官的不同而不同（Kage H et al.,

2002）。围绕该诊断方法，Yao 等（2014）在南京建立了基于叶片干物质的冬小麦 N_c 曲线，证明了该曲线可用于植株体的氮营养诊断。关中平原是陕西省重要的粮食生产基地，其小麦产量占全省的 60% 以上。然而，当地农民盲目过量施氮现象已相当普遍，小麦产量并没有同步增加，反而增加了生产成本，引发了一系列环境问题，因此指导农民科学施氮很有必要。目前，该区域李正鹏等（2015a）通过总结前人试验数据建立了基于干物质的氮曲线。强生才等（2015）以冬小麦叶片干物质为基础，构建了陕西关中平原冬小麦的临界氮稀释曲线模型，用来指导冬小麦科学合理施用氮肥。

玉米是我国四大粮食作物之一，氮是玉米生长发育过程中需求量最大的营养元素，实现玉米产量与氮肥利用效率协同提高，是实现氮肥精准管理的基础，对于保障我国粮食生产和生态环境安全具有非常重要的意义。夏玉米作为中国主要的粮食作物，农业生产中大水大肥的现象非常突出，基于临界氮稀释曲线的相关研究国内较少。梁效贵等（2013）探讨了氮营养指数评价玉米氮营养状况的可行性，建立了华北地区夏玉米临界氮稀释曲线（$N_c = 34.914W^{-0.4134}$）及不同地区夏玉米的临界氮稀释曲线模型并在此基础上建立了氮营养指数模型，结果表明临界氮浓度稀释曲线可以预测该地区玉米临界氮含量，氮营养指数模型中氮营养指数可准确诊断作物体内氮素状况，并得到氮营养指数与相对氮累积量、相对地上部生物量和相对产量均具显著相关性，可以指导该地区玉米施肥。而作为中国另一夏玉米主产区的陕西关中平原，仅李正鹏等（2015b）通过 8 年的大田试验总结关中灌区历年试验数据建立了夏玉米临界氮稀释曲线，该模型能够很好地对该区玉米植株的氮素营养进行诊断，而事实上除了灌溉农业之外，该区域旱地农业同样占据重要的地位。旱地农业由于缺乏灌溉条件，因此生长季降水量及其分配至关重要，而受季节性降水分配不均、年季间变率大等因素的影响（方建刚等，2009），旱地夏玉米常遭受不同程度的水分亏缺，而水分亏缺会影响夏玉米发育和干物质累积，同步影响植株体的氮素吸收过程（邢英英等，2010）。强生才等（2015）研究表明在不同降水年份下，所构建的夏玉米临界氮稀释曲线模型有所不同，降水量不同导致了模型参数的不同。安志超等（2019）构建了河南省 2 种玉米品种的临界氮稀释曲线模型（伟科 702：$N_c = 35.638DM^{-0.341}$，中单 909：$N_c = 30.801DM^{-0.370}$），这说明临界氮浓度稀释模型可能因不同地区、作物品种、土壤类型、水肥管理和环境条件等因素的不同而出现差异，这在很大程度上限制了临界氮稀释模型的通用性，特别是品种。氮素利用效率是植株氮素吸收和利用能力的综合反映，与临界氮浓度的关系也最密切。因宁夏引黄灌区光温资源充足，年降水量少，蒸发量大，以灌溉农业为主。因此，很有必要在滴灌水肥一体化条件下对该地区玉米临界氮稀释模型进行区域化研究。

2 研究内容与材料方法

2.1 研究内容

2.1.1 滴灌玉米临界氮稀释曲线与氮素营养诊断研究

建立宁夏引黄灌区滴灌玉米临界氮稀释曲线模型，探讨氮营养指数与相对吸氮量、相对地上部生物量和相对产量的关系，评价氮营养指数实时诊断玉米氮素营养状况的可行性，精准地预测水肥一体化条件下玉米小喇叭口期至成熟期的氮素营养状况，优化玉米氮素管理。

2.1.2 基于临界氮浓度的宁夏玉米氮吸收与亏缺模型研究

探讨滴灌水肥一体化模式下玉米临界氮稀释曲线模型，研究滴灌玉米地上部生物量和氮累积动态变化，构建玉米临界氮稀释曲线模型，在此基础上构建氮吸收模型和氮累积亏缺模型，实现滴灌玉米氮素营养状况的快速诊断，推荐宁夏引黄灌区滴灌玉米施氮量。

2.1.3 基于叶面积指数的滴灌玉米临界氮浓度模型与氮素营养诊断

明确宁夏引黄灌区基于叶面积指数的滴灌玉米临界氮稀释曲线模型及其适用性，构建基于叶面积指数的 N_c 曲线可以有效地识别限氮和非限氮下滴灌玉米关键生育时期植株所需的氮状态，探讨以氮营养指数为监测指标对滴灌水肥一体化模式下玉米氮素营养状况诊断的可行性，为宁夏灌区玉米氮肥精确管理提供一种新的评价工具。

2.1.4 基于叶片干物质的滴灌玉米临界氮浓度稀释曲线构建

量化作物生长阶段所需的氮含量，构建宁夏引黄灌区基于叶片干物质的滴灌玉米临界氮浓度稀释曲线，采用临界氮浓度模型分析滴灌玉米氮营养状况，估测滴灌玉米拔节期至吐丝期的氮素营养状况。降低生产成本，改善生态环境，提高粮食产量和氮肥利用效率。

2.1.5 水肥一体化施氮水平对玉米籽粒灌浆和脱水过程的影响

建立基于 Logistic 方程的籽粒灌浆模型，分析玉米籽粒脱水动态特征，探讨不同氮素水平对玉米籽粒灌浆和脱水过程的影响，明确玉米籽粒灌浆和含水量动态变化规律。

2.1.6 滴灌施氮水平下玉米籽粒灌浆过程模拟

揭示水肥一体化条件下不同施氮水平对玉米籽粒灌浆过程的影响，建立基于 Richards 方程的滴灌水肥一体化条件下不同氮素处理中玉米籽粒灌浆过程模型，预测滴灌玉米灌浆期的籽粒灌浆特性。

2.2 材料与方法

2.2.1 试验地概况

本研究总共设置 4 个试验，于 2017 年和 2018 年玉米生长季，利用 2 个玉米品种在银川市平吉堡农场（E 106°1′47″，N 38°25′30″）和永宁县宁夏大学试验农场（E 106°14′12″，N 38°13′03″）进行了田间试验。两试验地位于贺兰山东麓，海拔高度为 1 100 m，多年平均温度、降水量和蒸发量分别为8.6℃、272.6 mm 和 2 325 mm，关于玉米品种、播种日期、氮处理、土壤肥力、取样和收获时期如表 2-1 所示。玉米生育期基本气象条件如图 2-1 与图 2-2 所示。

表 2-1 田间试验情况

试验编号	试验年份	试验地点	土壤肥力	播种/收获（日期）	氮处理	品种	取样时期
1	2017	平吉堡 Pingjipu	pH 值：7.98 有机质 OM：11.45 g·kg⁻¹ 全氮 Total N：0.80 g·kg⁻¹ 碱解氮 Avail. N：37.42 mg·kg⁻¹ 速效磷 Avail. P：19.04 mg·kg⁻¹ 速效钾 Avail. K：102.52 mg·kg⁻¹	2019.4.26—2019.9.16	0（N0） 90（N1） 180（N2） 270（N3） 360（N4） 450（N5）	天赐 19 Tianci 19 (TC19)	V6 拔节期 Elongation stage V10 小喇叭期 Small bell stage V12 大喇叭期 Big bell stage VT 抽雄 Anthesis stage R1 吐丝期 Silking stage
2	2018	平吉堡 Pingjipu	pH 值：7.65 有机质 OM：12.82 g·kg⁻¹ 全氮 Total N：0.75 g·kg⁻¹ 碱解氮 Avail. N：36.82 mg·kg⁻¹ 速效磷 Avail. P：17.37 mg·kg⁻¹ 速效钾 Avail. K：95.31 mg·kg⁻¹	2019.4.28—2019.9.18	0（N0） 90（N1） 180（N2） 270（N3） 360（N4） 450（N5）	天赐 19 Tianci 19 (TC19)	V6 拔节期 Elongation stage V10 小喇叭期 Small bell stage V12 大喇叭期 Big bell stage VT 抽雄 Anthesis stage R1 吐丝期 Silking stage
3	2017	永宁 Yongning	pH 值：8.44 有机质 OM：8.07 g·kg⁻¹ 全氮 Total N：0.98 g·kg⁻¹ 碱解氮 Avail. N：40.47 mg·kg⁻¹ 速效磷 Avail. P：18.33 mg·kg⁻¹ 速效钾 Avail. K：106.25 mg·kg⁻¹	2019.4.22—2019.9.18	0（N0） 90（N1） 180（N2） 270（N3） 360（N4） 450（N5）	宁玉 39 Ningyu39 (NY39)	V6 拔节期 Elongation stage V10 小喇叭期 Small bell stage V12 大喇叭期 Big bell stage VT 抽雄 Anthesis stage R1 吐丝期 Silking stage
4	2018	永宁 Yongning	pH 值：8.57 有机质 OM：14.8 g·kg⁻¹ 全氮 Total N：0.92 g·kg⁻¹ 碱解氮 Avail. N：39.44 mg·kg⁻¹ 速效磷 Avail. P：20.63 mg·kg⁻¹ 速效钾 Avail. K：111.25 mg·kg⁻¹	2019.4.20—2019.9.22	0（N0） 90（N1） 180（N2） 270（N3） 360（N4） 450（N5）	宁玉 39 Ningyu39 (NY39)	V6 拔节期 Elongation stage V10 小喇叭期 Small bell stage V12 大喇叭期 Big bell stage VT 抽雄 Anthesis stage R1 吐丝期 Silking stage

2.2.2 试验设计

试验采用随机区组排列。小区面积为 67.5 m²，重复 3 次，种植密度约为 9 万株·hm⁻²，采用宽窄行种植，宽行 70 cm，窄行 40 cm。玉米全生育期内采用水肥一体化滴灌施肥技术。用潜水泵将水通过 75 mm PE 管抽送到试验小区，于管接口处安装水表准确计量，以 32 mm PE 管做支管连接到 16 mm 毛管。肥料由施肥罐随水施入，窄行玉米中间设置 1 根滴灌带，2 行玉米由 1 根滴灌带控制，滴灌带滴头间距为 30 cm，滴头流量 2.5 L·h⁻¹，滴头工作压力 0.1

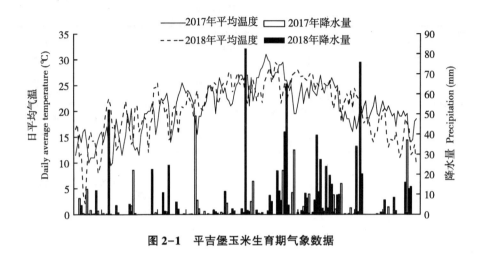

图 2-1　平吉堡玉米生育期气象数据

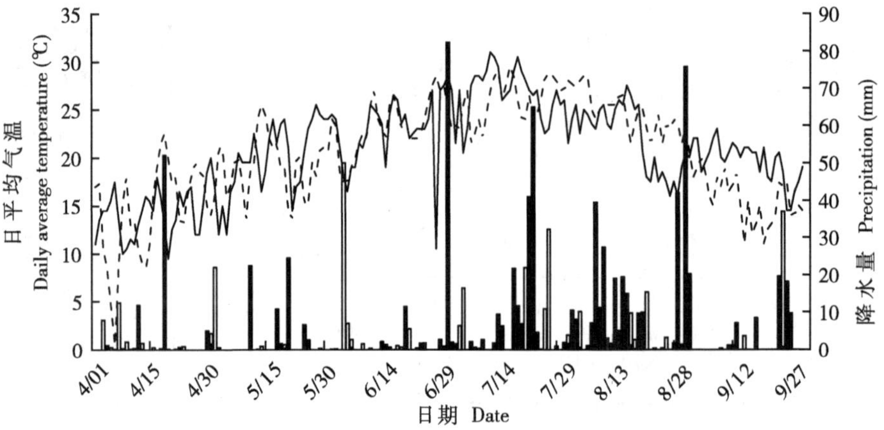

图 2-2　宁夏大学教学实验农场玉米生育期气象条件

MPa，为保证灌水与施肥的均匀性，采用横向供水方式。灌水以作物蒸发蒸腾量 ET_c 为基础，$ET_c = K_c \times ET_o$，ET_o 为参考作物蒸发蒸腾量，K_c 为作物系数，依据 2006—2016 年气象数据按 Penman Monteith 修正公式计算（Allen，2000）取平均值。K_c 前期为 0.7（苗期—拔节期），中期为 1.2（吐丝期—灌浆期），后期为 0.6（乳熟期）（Allen，2000）。灌水总量为 400 mm，苗期、拔节期至大喇叭口期、抽雄吐丝期、灌浆期和成熟期灌水量和次数分别为 20 mm（1 次）、100 mm（3 次）、140 mm（2 次）、120 mm（3 次）和 20 mm（1 次）。

整个生育期共施肥 8 次，分别为苗期 1 次、拔节期至大喇叭口期 3 次、抽雄吐丝期 1 次、灌浆期 3 次，每次施肥量占总施肥量的比例分别为苗期 10%、拔节期 45%、抽雄吐丝期 20% 和灌浆期 25%。供试氮肥为尿素（总 ≥46.4%），磷钾肥为 P_2O_5 138 kg·hm^{-2} 和 K_2SO_4 120 kg·hm^{-2}。

2.2.3 测定项目与方法

2.2.3.1 生育期观测

玉米播种后及时观测并记录各处理抽雄期（VT）、吐丝期（R1）、蜡熟期（R4）、生理成熟期（R6）和收获期的时间，每个生育时期的判定以田间 50%以上植株表现出该生育时期特征为标志。每次取样拍照留存籽粒乳线图像，以乳线消失、胚部黑层完全出现日期判定为生理成熟期。

2.2.3.2 叶面积测定

于玉米 V6 至 R1 时期，每个小区选取长势一致的 3 株，采用长宽系数法（长×宽×0.75）测定植株绿叶面积以计算叶面积指数。

2.2.3.3 地上部植株生物量

于玉米拔节期、小喇叭口期、大喇叭口期、吐丝期、乳熟期、腊熟期和成熟期（播种后 45 d、55 d、65 d、85 d、95 d、105 d、115 d）共计破坏性取样 7 次，每个小区选取长势一致的 3 株，将器官分成为茎、叶和穗三部分，于 105℃ 干燥箱中杀青 30 min，80℃ 干燥至质量恒定后称量。

2.2.3.4 地上部植株含氮量

将各处理的干样粉碎、研磨和过筛，利用凯氏定氮法对植株各器官全氮含量进行测定，最后计算出植株氮浓度（吕茹洁等，2018）。

2.2.3.5 籽粒干物质量和含水率测定

籽粒干物质量参照文献（张永强等，2019）方法并结合田间实际情况进行测定。于玉米吐丝期开始，各处理选择同时授粉、长势均匀一致的植株挂牌标记，以确保取样果穗授粉日期一致。从开花当天算起，每小区每 10 d 随机选取 3 个果穗，每穗取中部籽粒 100 粒，采用烘干法对籽粒进行测定。同时，每次采样后立即脱粒，计算籽粒含水率。

2.2.3.6　产量

在玉米收获期每小区随机选取植株完整的长方形地块（1.1 m×3 m）进行样方选择，把样方内的所有玉米果穗带回实验室，脱粒，玉米籽粒折合14%的含水率进行产量计算。

2.2.4　其他参数计算

2.2.4.1　相对氮吸收量、相对地上部生物量和相对产量计算

相对吸氮量（RN_{upt}）= 吸氮量/同一生育时期各处理吸氮量最大值

相对地上部生物量（RDW）= 地上部生物量/同一生育时期各处理地上部生物量的最大值

相对产量（RY）= 各处理实际产量/各处理产量的最大值

2.2.4.2　氮素利用效率的计算

氮农学利用效率（Agronomic N Use Efficiency，AE）值计算公式为：

$$AE = (Y_i - Y_0) / (N_i - N_0) \tag{2-1}$$

式中，N_i（i=1，2，3，4，5）和 N_0 分别是氮肥处理和不施肥处理。Y_i 和 Y_0 分别是施氮肥和不施肥处理下的产量 kg·hm^{-2}。AE 分为氮肥利用率（N Fertilizer Recovery Efficiency，RE）和氮肥生理利用率（N fertilizer Physiological Efficiency，PE）两个部分。

$$RE = (C_N - C_0) / (N_i - N_0) \tag{2-2}$$

$$PE = (Y_i - Y_0) / (C_N - C_0) \tag{2-3}$$

式中，C_N 和 C_0 分别为氮肥处理和不施肥处理在成熟期时的植株地上部氮累积量。

2.2.4.3　临界氮吸收和氮营养指数

临界氮吸收（N_{uc}）由式 $N_c = aDM^{-b}$ 两边乘以植株 DM，计算得到 N_{uc} 与植株 DM 之间的关系。

$$N_{uc} = aDM^{1-b} \tag{2-4}$$

将实际 PNC 除以 N_c 浓度确定夏玉米在每个采样日的氮营养指数（Plénet et al.，2014），如式（2-5）所示：

$$NNI = PNC/N_c \tag{2-5}$$

当 $NNI=1$ 时，作物氮状态是最佳的；当 $NNI>1$，表示氮过量；当 $NNI<1$，表示植株体内缺氮。

2.2.4.4　籽粒脱水速率计算

$$MA = \frac{(W_1 - W_2)}{W_1} \qquad (2-6)$$

$$BR = \frac{(MA_1 - MA_2)}{X} \qquad (2-7)$$

$$AR = \frac{(MA_2 - MA_3)}{X} \qquad (2-8)$$

式中，MA 为籽粒含水率（%），W_1 为籽粒鲜重（g），W_2 为籽粒干重（g），BR 为生理成熟前籽粒脱水速率（百分点·d^{-1}），AR 为生理成熟后籽粒脱水速率（百分点·d^{-1}），MA_1 为吐丝后 35d（腊熟期）的含水量（g），MA_2 为生理成熟时的含水量（g），MA_3 为收获时的籽粒含水量（g），X 为 2 次取样间隔天数（d）。

2.2.5　数据分析与处理

采用 Excel 2013 数据整理与计算，用 SPSS22.0 进行单因素方差分析和多重比较和相关性分析，用 CurveExpert Professional 2.2.0 进行籽粒干物质动态变化的曲线拟合绘图，采用 Origin2018 软件绘图。采用 2018 年数据建立模型，运用 2017 年数据验证。

3 滴灌玉米临界氮稀释曲线与氮素营养诊断研究

氮素是玉米生长过程中必不可少的营养元素之一，也是提高产量和改善品质的重要限制因素之一。氮肥施用量对玉米形态建成、生长速度及干物质积累等有很大的影响。目前在玉米生产中，氮素的过量施用和低效利用严重污染农田生态环境（Mosisa et al.，2007；Judith et al.，2009），制约农业可持续发展（Guo et al.，2010）。因此，明确滴灌玉米在不同生育时期的适宜施氮量，对提高氮肥利用效率和保护环境具有重要的意义。

临界氮浓度是作物最大生长所需的最小氮浓度（Ziadi et al.，2008），确定临界氮浓度值可以实现对作物氮素营养状况的快速诊断（Greenwood et al.，1991）。Greenwood 等（1990）提出了关于 C3 和 C4 作物的临界氮浓度通用模型，后经 Lemaire 等（1990）通过田间试验校正和完善。近年来，相继有诸多国内外学者分别构建了水稻（Huang et al.，2018；吕茹洁等，2018）、小麦（Zia et al.，2010；李正鹏等，2015a）、马铃薯（Giletto et al.，2012）、棉花（马露露等，2018）、番茄（石小虎等，2018）等作物临界氮曲线模型，较好地描述了地上部干物质量与氮浓度的关系。国内外学者分别在法国（Plénet et al.，1990）、德国（Herrmann et al.，2004）、加拿大（Ziadi et al.，2008）、中国华北地区（Yue，2014；梁效贵等，2013）、陕西关中地区（李正鹏等，2015b；银敏华等，2015）和豫中地区（安志超等，2019）构建并验证了玉米相关的临界氮浓度模型，这些研究均表明利用临界氮浓度模型可以很好地预测本地区玉米临界氮含量。从前人构建临界氮浓度模型结果来看，因地区、作物、土壤、品种和环境条件不同而存在一定的差异。宁夏引黄灌区玉米在氮肥管理方面，由于多年采用大水漫灌模式，难以实现追施氮肥，习惯播种前和拔节期施肥，而灌浆期不施肥，前重后轻的施肥方式往往使玉米生育前期植株发育过旺而导致后期倒伏风险加大，进而影响产量（王永宏等，2014）。滴灌水肥一体化技术是宁夏地区近年来推广的一项农业生产新技术，将施肥与灌水融合为一体。国内外学者围绕水肥一体化条件下作物生长与养分运输、分配和产量等（Brye et al.，2003）方面进行了大量研究，但是对玉米大田生育时期的需氮量动态变化及其临界氮浓度模型鲜有报道。因此，构建宁夏引黄灌区滴灌玉米临界氮浓度稀释曲线模型及氮素营养诊断模型很有必要。

本研究通过 2 年田间定位试验，构建了宁夏引黄灌区滴灌玉米临界氮浓度变化曲线和氮营养指数诊断模型，进而探讨是否可利用该模型来诊断滴灌玉米氮素营养，以期为水肥一体化条件下优化玉米氮肥管理和精准评估氮素营养状况提供理论依据。

3.1 建模思路与方法

3.1.1 建模试验

参见第 2 部分 2.2.2 试验设计。

3.1.2 模型描述

3.1.2.1 临界氮浓度模型建立

根据 Justes 等（1994）提出的临界氮浓度稀释曲线计算方法，结合梁效贵等（2013）针对华北地区玉米临界氮浓度的建模思路，本研究建模步骤为：①对不同施氮处理下的地上部干物质积累量进行方差分析，将其分为 2 类，即限氮和非限氮；②对于玉米生长受氮素影响的氮素水平，将其地上部干物质积累量与对应的氮浓度值进行曲线拟合；③对于玉米生长不受氮素影响的氮素水平，其干物质量的均值代表最大干物质量；④采样日的临界氮浓度值为以上线性曲线与以最大干物质量为横坐标的垂线的交点的纵坐标决定。按 Greenwood 等（1990）对临界氮浓度进行描述如式（3-1）所示。

$$N_c = aDM^{-b} \tag{3-1}$$

式中，N_c 代表临界氮浓度值（$g \cdot kg^{-1}$）；DM 代表干物质量的最大值（$t \cdot hm^{-1}$），a 和 b 均为模型的参数。

3.1.2.2 临界氮浓度模型验证

采用均方根误差 $RMSE$（Root Mean Square Error）和标准化均方根误差

（n-*RMSE*）（Willmott et al.，1982；Yang et al.，2000）对模型验证。

$$RMSE = \sqrt{\dfrac{\sum\limits_{i=1}^{n}(P_i - O_i)^2}{n}} \qquad (3-2)$$

$$n - RMSE(\%) = \dfrac{RMSE}{S} \times 100 \qquad (3-3)$$

式中，P_i、O_i分别为临界氮测定值和模拟值；n为样本量；S为实测数据的平均值。参照 Jamiesom 等（1991）提出的标准来衡量模型稳定性，n-*RMSE*<10%，模型稳定性极好；10% < n-*RMSE*<20%，模型稳定性较好；20% < n-*RMSE* <30%，模型稳定性一般；n-*RMSE* >30%，模型稳定性较差。

3.1.2.3 氮营养指数模型

根据 Lemaire 等（1991）描述的氮素营养指数模型为：

$$NNI = N_a/N_c \qquad (3-4)$$

式中，N_a为实测氮浓度值（g·kg^{-1}），N_c为临界氮浓度值。若 *NNI*<1，表明氮素不足；*NNI*=1，表明氮素恰好适量；*NNI*>1，表明氮素过盛。

3.1.3 数据处理

参见第2部分 2.2.3 测定项目与方法，2.2.4 其他参数计算，2.2.5 数据处理。

3.2 结果与分析

3.2.1 滴灌玉米地上部干物质积累量动态变化与筛选分组

如表 3-1 所示，玉米干物质量随着生育进程呈逐渐上升趋势。不同年际、施氮水平和取样时期，玉米植株地上部干物质积累量在 1.24~16.08 t·hm^{-1}。同一生育时期随氮素水平的提高，干物质量呈逐渐增加趋势，施氮效果显著，但同一取样时期 N360 和 N450 处理之间地上部干物质积累量基本没有显著差异，说明施氮过量并不能提高地上部干物质积累量。

由于 2017—2018 年玉米播种后 45 d（七叶展时期）地上部干物质积累量

小于 1 t·hm^{-2}，故舍弃此部分数据。从整个生育期来看，N0、N90、N180 和 N270 地上部干物质积累量之间差异显著；N360 和 N450 之间差异不显著，说明玉米地上部干物质积累量并不随施氮水平的提高而增加。参照 Justes 等 (1994) 建立临界氮浓度稀释曲线模型的方法，对玉米植株地上部干物质积累量进行方差分析，即每次取样日地上部干物质积累量呈显著差异的施氮处理为限氮组，反之，则为非限氮组。由表 3-1 可知，限氮组数据为 N0、N90、N180、N270 处理的取样值，而非限氮组数据为 N360、N450 处理的取样值。

表 3-1　滴灌玉米地上部干物质积累量动态变化

年份 Year	生育时期 Growing period	地上部生物量 Aboveground biomass（t·hm^{-2}）					
		N0	N90	N180	N270	N360	N450
2017	V$_{10}$	1.24±0.24 c	1.31±0.18 bc	1.52±0.76 bc	1.75±0.56 abc	2.19±0.11 ab	2.53±0.57 a
	V$_{13}$	3.05±0.80 d	3.56±0.39 cd	3.64±0.32 cd	3.96±0.09 bc	4.59±0.17 ab	4.77±0.21 a
	R$_1$	4.43±0.89 c	4.9±0.30 bc	5.04±0.43 bc	6.21±1.11 ab	7.34±1.19 a	7.66±0.88 a
	R$_3$	6.43±0.47 c	6.58±0.36 c	7.40±0.67 c	8.95±0.64 b	10.44±0.50 a	11.02±0.84 a
	R$_5$	8.99±0.61 c	9.75±0.12 c	11.80±0.12 b	12.08±0.93 b	13.40±0.43 a	13.12±0.55 a
	R$_6$	10.88±0.74 d	12.93±0.32 c	14.04±0.76 b	15.11±0.09 a	15.42±0.86 a	15.14±0.14 a
2018	V$_{10}$	1.35±0.21 b	1.50±0.29 b	1.51±0.06 b	1.57±0.17 b	1.73±0.93 a	1.74±0.32 a
	V$_{13}$	1.89±0.29 c	2.48±0.44 b	2.53±0.10 b	2.86±0.19 b	3.26±0.06 a	3.48±0.08 a
	R$_1$	4.95±0.40 d	5.79±0.65 cd	6.25±0.61 bc	6.62±0.48 ab	7.78±0.92 ab	8.76±0.89 a
	R$_3$	6.27±0.61 d	7.16±0.59 c	8.80±0.17 b	8.92±0.12 b	10.91±0.46 a	10.79±0.42 a
	R$_5$	8.92±0.91 c	9.91±0.51 bc	10.44±1.11 bc	11.21±0.89 b	13.26±1.08 a	12.91±0.76 a
	R$_6$	10.03±0.52 e	11.06±0.29 d	12.55±0.73 c	13.47±0.13 b	16.08±0.47 a	14.82±0.45 a

注：N0：0 kg N·hm^{-2}；N90：90 kg N·hm^{-2}；N180：180 kg N·hm^{-2}；N270：270 kg N·hm^{-2}；N360：360 kg N·hm^{-2}。V$_{10}$：小喇叭口期；V$_{13}$：大喇叭口期；R$_1$：吐丝期；R$_3$：乳熟期；R$_5$：蜡熟期；R$_6$：成熟期。数据为 3 个重复的平均值 ± 标准误，同列数据后不同小写字母表示在 $P<0.05$ 水平差异显著

3.2.2　滴灌玉米地上部植株氮浓度动态变化

如图 3-1 所示，滴灌玉米植株氮浓度随着地上部干物质积累量的增加呈逐渐下降趋势。不同年际、同一取样时期植株氮浓度均随着施氮量的增加呈上升趋

势，但从整个生育期来看，玉米植株氮浓度随生长进程和干物质量的增加均呈下降趋势。2017 年和 2018 年植株氮浓度的变化范围分别为 9.13~29.86 g·kg^{-1} 和 9.95~30.26 g·kg^{-1}。同一施氮水平下的植株氮浓度变化趋势基本一致。

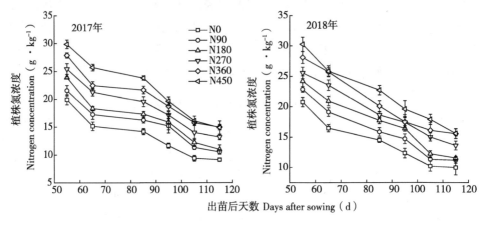

图 3-1　滴灌玉米植株氮浓度动态变化

3.2.3　滴灌玉米临界氮浓度稀释曲线模型构建

由 2.2.4 模型描述的构建方法，得到每次取样日的临界氮浓度，并与地上部干物质量拟合，得到滴灌玉米临界氮浓度稀释曲线（图 3-2）。模型的决定系数为 0.982，达到极显著水平，说明该模型可以很好地解释滴灌玉米临界氮浓度与地上部干物质积累量之间的关系。

从图 3-2 可以看出，在相同地上部生物量的情况下，氮浓度值变异性很大，采用每个采样日最大（N_{max}）和最小（N_{min}）氮浓度值可拟合得到最高氮浓度稀释模型（$N_{max} = 40.516DM^{-0.314}$，$R^2 = 0.907$）和最低氮浓度稀释模型（$N_{min} = 22.108DM^{-0.395}$，$R^2 = 0.918$），其结果也同样符合模型（3-1）。

3.2.4　滴灌玉米临界氮浓度稀释曲线模型验证

如图 3-3 所示，利用 2017 年各取样时期地上部干物质量和植株氮浓度单独拟合来验证模型的精度和可靠性。将 2017 年干物质积累量实测值分别代入上述模型，计算得到临界氮浓度模拟值，比较模拟值与 2018 年的实测值，均

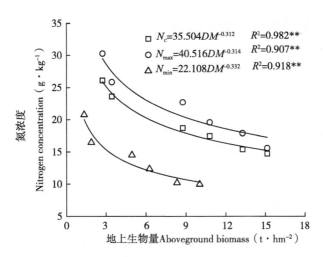

图 3-2 滴灌玉米临界氮浓度稀释曲线

方根误差（*RMSE*）为 1.13 g·kg⁻¹，标准化均方根误差（n‒*RMSE*）为 6.20%，小于 10%，说明模型稳定性极好，进一步表明可用于滴灌玉米的氮营养估测。

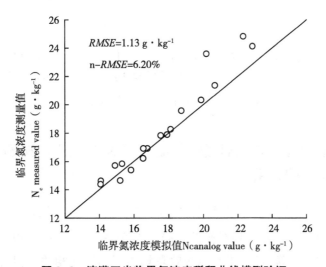

图 3-3 滴灌玉米临界氮浓度稀释曲线模型验证

3.2.5 滴灌玉米氮营养指数模型的建立

如图3-4所示，不同年际、同一取样时期，氮营养指数随着施氮量的增加而增大。整体来看，N0、N90、N180处理在播种后55~115 d内氮营养指数均小于1，说明N0、N90和N180水平下出现了氮供应不足状况，使玉米的生长受到了氮素的限制；N360和N450处理，氮营养指数均大于1，说明出现了氮肥供应充足甚至过量；N270处理的氮营养指数在1附近波动，说明在N270处理氮素供应达到最佳适宜量。因此，由氮营养指数可以判定出该地区在水肥一体化条件下玉米的施氮量以270 kg·hm^{-2}为宜。

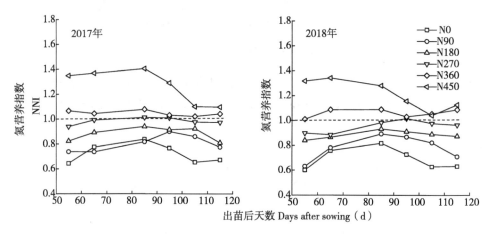

图3-4 滴灌玉米氮营养指数动态变化

3.2.6 氮营养指数与相对氮吸收量、相对地上部干物质量和相对产量之间的关系

2年（2017—2018年）分别研究了氮营养指数与相对氮吸收量（RN_{upt}）、相对干物质量（RDW）和相对产量（RY）的关系。从图3-5可以看出，玉米不同生育时期的氮营养指数-相对氮吸收量均表现为线性相关，相对氮吸收量随氮营养指数的增加而增加，各生育时期R^2分别为0.836、0.768、0.846、0.811、0.804和0.861，均达到极显著水平。从图3-6可以看出，玉米不同生育时期的氮营养指数与RDW均表现为线性相关，RDW随着氮营养指数的增加

而增加，各生育时期方程决定系数分别为 0.456、0.647、0.579、0.667、0.753 和 0.759，均达到极显著水平。从图 3-7 可以看出，氮营养指数与相对产量二者呈二次函数关系，即相对产量随氮营养指数的增加先升高后降低，决定系数 0.796，达到极显著水平。该试验条件下，氮营养指数为 0.990 时，相对产量获得最大值，为 0.970。

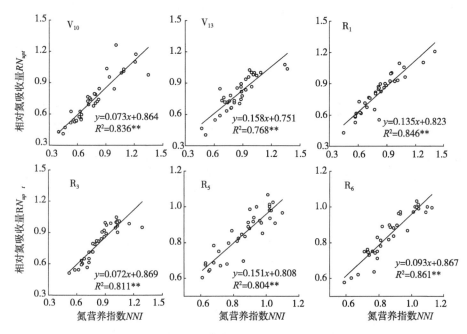

图 3-5　滴灌玉米氮营养指数与相对氮吸收量的关系

3.3　讨论

3.3.1　宁夏引黄灌区滴灌玉米临界氮浓度稀释曲线特征

玉米是宁夏地区第一大粮食作物，播种面积常达 3×10^5 hm^2 以上（赵如浪等，2014），而引黄灌区和扬黄灌区玉米总产量占宁夏玉米总产量 60% 以上（王永宏等，2014）。目前在玉米生产中氮肥普遍过量施用和低效利用，从而污染农业生态环境（Mosisa et al.，2007；Judith et al.，2009），制约农业可持续发

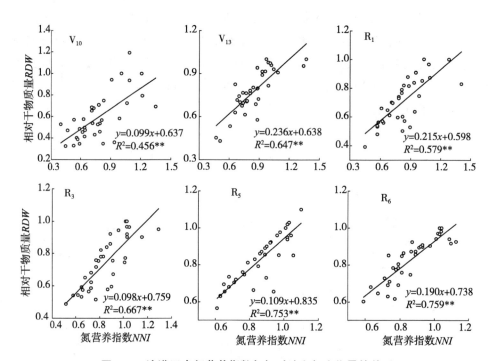

图 3-6　滴灌玉米氮营养指数与相对地上部生物量的关系

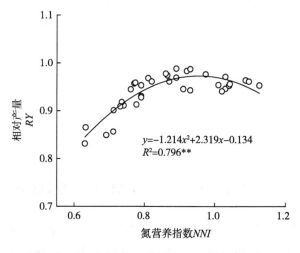

图 3-7　滴灌玉米氮营养指数与相对产量的关系

展（Guo et al.，2010）。因此，建立快速有效的诊断滴灌玉米氮素营养状况的技术显得十分重要。本研究利用 2 年 6 个氮素水平的定位试验数据，建立并验证了宁夏引黄灌区滴灌玉米临界氮浓度稀释曲线模型（图 3-2，图 3-3），分析了不同施氮量下的氮营养指数（图 3-4），研究了氮营养指数与相对氮吸收量、相对干物质量和相对产量的关系（图 3-5 至图 3-7）。模型的决定系数均达到显著水平，在不同年际间也具有较好的稳定性，可以作为宁夏引黄灌区滴灌玉米氮素营养快速诊断的方法之一。此外，本研究进一步表明，水肥一体化条件下氮营养指数与相对氮吸收量（图 3-5）、相对干物质量（图 3-6）和相对产量（图 3-7）显著相关。因此，基于 N_c 曲线的氮营养指数可以用来评价玉米氮素营养状况。

近年来，梁效贵等（2013）构建了华北地区夏玉米临界氮稀释曲线（$N_c = 34.914DM^{-0.413}$）；李正鹏等（2015b）构建了陕西关中地区夏玉米临界氮曲线（$N_c = 22.5DM^{-0.27}$），研究均表明临界氮浓度稀释曲线模型可用于预测该地区夏玉米临界氮含量。本研究构建了宁夏引黄灌区滴灌玉米临界氮浓度稀释曲线模型（$N_c = 35.504DM^{-0.312}$），其模型表达式均满足幂函数方程（图 3-2）。从数学角度来讲，参数 a 代表生物量为 1 t·hm^{-2}时的植株氮浓度，参数 b 描述的是随地上部生物量的增加植株氮含量递减关系，与前人相比，本研究参数 a 值偏高，而 b 属于中间范畴，其参数 a 值偏高的原因是：①与李正鹏等（2015b）构建模型相比可能受气候状况影响，宁夏灌区以半干旱温带大陆性气候为主，玉米生长季节光热资源丰富，降水量少，而关中地区属于亚热带季风气候，夏季高温多雨。依据积温学说原理（Liu et al.，2014），宁夏引黄灌区玉米生育期（143 d）远高于陕西关中地区（110 d），生育期延长意味着植株吸氮量增加（Yue et al.，2014）。②与梁效贵等（2013）构建模型相比，其值也偏高，原因主要与土壤因素有关，华北地区供试玉米土壤为冲积型盐化潮土，而宁夏引黄灌区供试玉米土壤为轻壤土，土壤肥力比华北地区高，这可能是导致宁夏引黄灌区玉米临界氮稀释曲线高于华北地区的主要原因。

利用 2017 年独立试验数据对 2018 年构建的模型进行验证，发现此模型不受年际变化影响，稳定性较好。本研究构建的临界氮浓度稀释曲线模型，仅是在单一生态区域和品种下构建的，今后需要通过不同区域和品种来进一步不断完善该模型，从而实现模型预测的通用性。

3.3.2 滴灌玉米最佳施氮量的确定和氮营养指数的可行性

氮营养指数是衡量作物氮营养状况的重要指标（Lemaire et al.，1997）。银敏华等（2015）利用氮营养指数对陕西关中地区玉米生育期内氮素营养状况诊断发现 2 种氮素（尿素和控释氮肥）的氮营养指数在 0.74~1.12 变化，且随施氮水平的提高而增大。本研究表明，滴灌玉米氮营养指数值随着氮肥施用量的增加不断增大，在 0.60~1.41 变动（图 3-4），从而依据氮营养指数确定的滴灌玉米最佳施氮量为 270 kg·hm^{-2}。通过氮营养指数确定的最佳施氮量与张富仓等（2018）基于最小二乘法进行回归分析推荐的宁夏滴灌玉米适宜施氮量（210~325 kg·hm^{-2}）基本一致。由此可见，基于临界氮稀释模型的氮营养指数来评价植株氮营养状况是可靠的。

3.4 结论

在一定氮素水平下，滴灌玉米干物质量随施氮水平的提高而增加，氮浓度随生长天数的增加而降低；建立并验证了滴灌玉米临界氮浓度稀释曲线模型，滴灌玉米各生育时期的最大生物量与临界氮浓度之间符合幂函数模型 $N_c = 35.504DM^{-0.312}$，模型稳定性高。

基于临界氮浓度稀释曲线模型，水肥一体化条件下，玉米以 270 kg·hm^{-2} 为最佳施氮量。

氮营养指数与相对氮吸收量、相对干物质量和相对产量等指标间存在极显著相关性。氮营养指数可以直观地反映玉米不同生长阶段的氮素盈亏状况。

4 基于临界氮浓度的宁夏玉米氮吸收与亏缺模型研究

氮肥对玉米生长发育起着至关重要的作用，合理施用氮肥可以增加玉米干物质积累量（Boomsma et al.，2009），促进植株对氮素的吸收（王俊忠等，2009），从而提高产量（Boomsma et al.，2009）。目前，农业生产过程中不合理施用氮肥导致的环境污染问题日益突出（王俊忠等，2013），与氮肥相关的水体污染（Bowman et al.，2008）、土壤污染（Guo et al.，2010）和大气污染（Liu et al.，2013）等成了现代农业研究的热点问题。因此，明确玉米不同生育时期的临界氮浓度对减少污染、增加产量、保护环境和实现农业可持续发展具有重要意义。

精确诊断植株氮素营养状况是合理施肥的基础。前人针对测土配方施肥（Hansen et al.，2003）、SPAD 计快速诊断（Zheng et al.，2015）、光谱遥感（Ren et al.，2010）和机器视觉（贾彪等，2016）等方法对植株氮素营养精确诊断做了大量研究，但是这些作物氮素营养诊断技术受成本和普及度的影响，推广存在一定困难。临界氮浓度（N_c）是作物在生长过程中获得最大生物量增长所需要的最少氮营养（Plenet et al.，1999），确定临界氮浓度是进行作物氮素营养诊断的基本方法之一（Greenwood et al.，1991）。近年来，临界氮浓度因其在作物氮诊断中的准确性和稳定性而受到世界各国的广泛关注，关于临界氮稀释曲线模型相继有诸多国内外学者分别在水稻（Huang et al.，2018；吕茹洁等，2018）、小麦（Zia et al.，2012；李正鹏等，2015a）、马铃薯（GIletto et al.，2012）、棉花（马露露等，2018）、番茄（石小虎等，2018）等作物上进了研究。然而在玉米研究中，梁效贵等（2013）构建了河北省夏玉米全生育期临界氮稀释曲线模型（$N_c = 34.914DM^{-0.4134}$，DM 为植株地上部干物质累积量）；银敏华等（2015）针对陕西关中地区夏玉米构建了施用 2 种肥料时临界氮稀释曲线模型（尿素：$N_c = 33.806DM^{-0.308}$；控释氮肥：$N_c = 34.356DM^{-0.339}$）；安志超等（2019）构建了河南省 2 种玉米品种的临界氮稀释曲线模型（伟科 702：

$N_c = 35.638DM^{-0.341}$，中单 909：$N_c = 30.801DM^{-0.370}$），这些研究均表明不同地区、作物品种、土壤类型、水肥管理和环境条件等因素间的模型存在一定的差异。宁夏引黄灌区光温资源充足，年降水量少，蒸发量大，以灌溉农业为主。因此，很有必要在滴灌水肥一体化条件下对该地区玉米临界氮稀释模型进行区域化研究。

为此，本研究以当地主栽品种'天赐 19'为对象，通过 2 年田间定位试验，研究滴灌玉米基于临界氮稀释曲线的氮吸收模型与氮累积亏缺模型，旨在探究临界氮稀释曲线在宁夏引黄灌区的适用性，以期为水肥一体化条件下玉米定量和精准施用氮肥提供参考。

4.1 建模思路与方法

4.1.1 建模试验

参见第 2 部分 2.2.2 试验设计。

4.1.2 模型描述

4.1.2.1 临界氮稀释曲线模型构建

根据 JUSTES 等（1994）提出的临界氮稀释曲线模型计算方法，其建模步骤如下：对不同施氮处理下的地上部干物质积累量进行方差分析，将其分为 2 类，即限氮和非限氮。对于玉米生长受氮素限制的施氮水平，将其地上部干物质积累量与对应的氮浓度进行曲线拟合。对于玉米生长不受氮素限制的施氮水平，其地上部干物质积累量的平均值用以代表最大生物量。采样日的临界氮浓度为以上线性曲线与以最大干物质积累量为横坐标的垂线的交点纵坐标决定。

按 Greenwood 等（1990）提出的临界氮浓度定义，其模型表达式为：

$$N_c = aDM^{-b} \tag{4-1}$$

式中，N_c 为临界氮浓度，$g \cdot kg^{-1}$；DM 为地上部干物质积累量的最大值，$t \cdot hm^{-2}$；$a\text{-}b$ 为模型的参数。

4.1.2.2 氮吸收模型构建

滴灌玉米地上部氮吸收量与地上部累积的最大干物质量之间关系为：

$$N_{upt} = N_c DM \tag{4-2}$$

式中，N_{upt} 为玉米地上部氮吸收量，$kg \cdot hm^{-2}$。

将式（4-1）代入式（4-2）得到玉米临界氮吸收模型：

$$N_{uptc} = aDM^{1-b} \tag{4-3}$$

式中，N_{uptc} 为临界氮吸收量，$kg \cdot hm^{-2}$。

其中 $1-b$ 表示生长参数，为氮相对吸收速率与地上部生物量累积速率之比。

4.1.2.3 氮亏缺模型构建

根据式（4-1）可推导出玉米临界氮积累方程式（4-3），并可推导出氮积累亏缺方程，其推导过程参照 LEMAIRE 等（2008）的研究方法，方程为：

$$N_{and} = N_{uptc} - N_{na} \tag{4-4}$$

式中，N_{and} 为氮积累亏缺值，$kg \cdot hm^{-2}$；N_{na} 为实际氮积累量，$kg \cdot hm^{-2}$。

若 $N_{and} = 0$，表示植株体内氮素积累恰好合适；若 $N_{and} > 0$，表示植株体内的氮积累不足；若 $N_{and} < 0$，表示植株体内氮积累过剩。

4.1.3 数据处理

参见第 2 部分 2.2.3 测定项目与方法，2.2.4 其他参数计算，2.2.5 数据处理。

4.2 结果与分析

4.2.1 滴灌玉米地上部干物质量动态变化

如图 4-1 所示，玉米干物质累积量随生育进程的推进呈增加趋势。在播后 55 d 最低，在播后 115 d 升至最高，变幅在 $1.24 \sim 16.08$ $t \cdot hm^{-2}$；在播后 65 d 不同氮素水平玉米干物质量差异明显增大。不同年份、同一生育时期，地上部干物质量随着施氮水平的提高呈增加趋势。由于 2017—2018 年玉米拔节期各处理地上部干物质量小于 1 $t \cdot hm^{-2}$，故对生育时期数据予以舍弃。对比分析不同氮素水平下玉米成熟期干物质量，整体上由小到大依次为：N0、N90、

N180、N270、N360、N450。

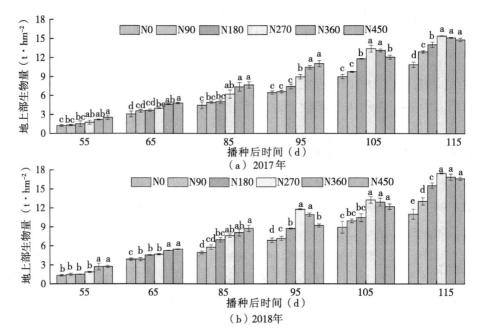

图 4-1　滴灌玉米地上部干物质量动态变化

注：不同小写字母表示各处理在 0.01 水平上差异显著

4.2.2　滴灌玉米植株氮累积量动态变化

如图 4-2 所示，玉米植株氮素累积量随着生长天数的增加呈上升趋势。不同年份、同一生育时期，玉米植株氮素累积量随施氮水平的提高而增加。

由于玉米植株对氮素的吸收累积能力并非无极限，因而当玉米植株体内的氮累积量达到一定限度时，并不随着施氮水平的提高而增加，而是趋于一个稳定的数值范围内，故 N270、N360 和 N450 的氮累积量较相近。

4.2.3　滴灌玉米产量效应分析

如图 4-3 所示，滴灌玉米产量随施氮量的增加而显著增加，但当施氮水平超过一定界限后产量不再增加反而降低。由拟合曲线得到相应的滴灌玉米理论平均适宜施氮量为 311 kg·hm^{-2}，产量为 13.958 t·hm^{-2}。

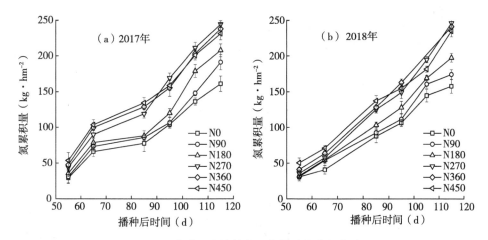

图 4-2　滴灌玉米植株氮累积量动态变化曲线

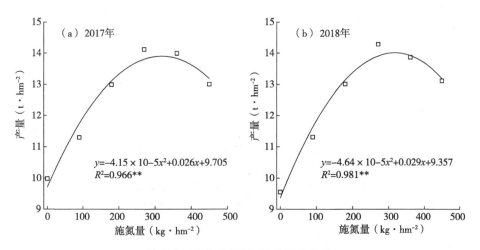

图 4-3　滴灌玉米产量动态变化曲线

注：** 表示在 0.01 水平上的差异显著

由图 4-3 拟合分析可以看出，滴灌玉米地上部干物质量和产量均受到氮素水平的影响，适宜的氮素水平有利于干物质量和产量的形成。对比不同氮素水平下滴灌玉米地上部生物量和产量可发现，在一定施氮范围内，干物质量与产量均随施氮水平的提高而增加，当施氮量达到一定水平时，再增加施肥量，生物量没有明显变化，但是产量却有下降的趋势，表明只有施氮量为适宜施氮量时，产量与生物量才能达到最高。可见，滴灌玉米在生长过程中存在一定的临界需氮量。

4.2.4 滴灌玉米临界氮浓度稀释曲线模型的建立

由图 4-4 可知，在相同的干物质量条件下，随着施氮水平的提高，其氮浓度呈升高趋势。通过分析不同年份、不同氮素水平下玉米地上部植株氮浓度与干物质量间的关系，均符合幂函数关系，各施氮量处理间滴灌玉米干物质量与植株氮浓度间幂函数关系如表 4-1 所示。

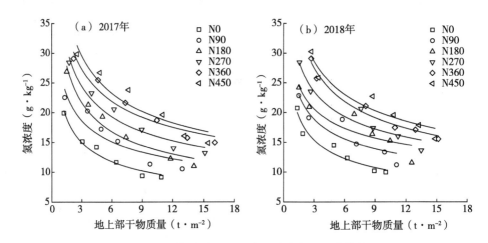

图 4-4　不同氮素水平下玉米氮浓度与生物量的关系

表 4-1　滴灌玉米干物质量与氮浓度间幂函数方程

氮素水平	2017 年		2018 年	
	拟合方程	R^2	拟合方程	R^2
N0	$N=21.909DM^{-0.347}$	0.964 **	$N=22.074DM^{-0.328}$	0.922 **
N90	$N=25.988DM^{-0.303}$	0.834 **	$N=25.732DM^{-0.281}$	0.812 **
N180	$N=32.446DM^{-0.368}$	0.953 **	$N=27.105DM^{-0.249}$	0.779 **
N270	$N=35.448DM^{-0.339}$	0.953 **	$N=32.216DM^{-0.285}$	0.913 **
N360	$N=38.787DM^{-0.320}$	0.937 **	$N=39.752DM^{-0.333}$	0.968 **
N450	$N=43.219DM^{-0.346}$	0.878 **	$N=40.563DM^{-0.315}$	0.904 **

注：** 表示在 0.01 水平上的差异显著性，下同

按照 JUSTES 等（1994）对临界氮浓度的计算方法，利用式（4-1）构建了不同年份滴灌玉米临界氮稀释曲线模型，如图 4-5（图中 N_{max}、N_{min} 表示最大、最小临界氮稀释曲线）所示。结果显示 2017 年和 2018 年的拟合方程决定系数分别为 0.969 和 0.982，均达到了极显著水平（表4-2），表明临界氮稀释曲线可以很好地描述滴灌玉米地上部生物量和植株氮浓度的关系。

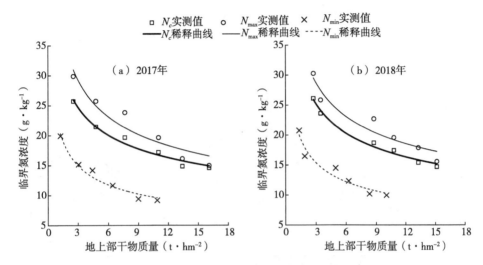

图4-5　基于地上部干物质量的临界氮浓度稀释曲线

采用式（4-1）、式（4-3），对上述确定的临界氮浓度与对应的最大干物质量进行拟合，得到滴灌玉米临界氮浓度模型和氮吸收模型参数如表 4-2 所示。

表4-2　滴灌玉米临界氮稀释曲线模型和氮吸收模型参数值

模型	参数	N_c/N_{uptc}		均值	N_{max}/N_{uptmax}		均值	N_{min}/N_{uptmin}		均值
		2017 年	2018 年		2017 年	2018 年		2017 年	2018 年	
临界氮稀释曲线模型	a	34.39	35.504	34.947	42.424	40.516	41.47	21.909	22.108	22.009
	b	0.301	0.312	0.3065	0.338	0.314	0.326	0.347	0.332	0.339
	R^2	0.969 **	0.982 **	0.976 **	0.899 **	0.907 **	0.903 **	0.964 **	0.918 **	0.941 **
氮素吸收模型	a	34.39	35.504	34.947	42.424	40.516	41.47	21.909	22.108	22.009
	$1-b$	0.699	0.688	0.6935	0.662	0.686	0.674	0.653	0.668	0.661
	R^2	0.957 **	0.961 **	0.959 **	0.911 **	0.894 **	0.903 **	0.927 **	0.903 **	0.915 **

4.2.5 滴灌玉米氮吸收模型的建立

根据式（4-3）可得到各取样日玉米临界氮累积量，将其分别与不同氮素水平下实测氮累积量进行对比，结果如图 4-6 所示。不同氮素水平下氮素累积量与临界氮累积量的相对误差（各拟合直线斜率与 1 的相对误差）2017 年为 31.24%、19.6%、8.38%、1.54%、2.05%、3.76%，2018 年分别为 22.63%、16.27%、11.02%、3.54%、6.52%、8.91%。说明施氮量以 270 kg·hm^{-2} 为宜。

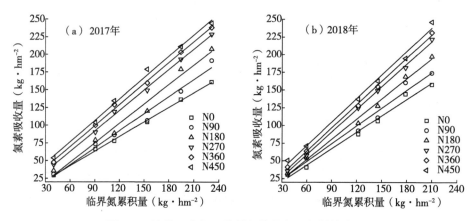

图 4-6　滴灌玉米氮吸收量与临界氮累积量的关系

4.2.6 滴灌玉米氮亏缺模型的建立

由图 4-7 可知，各生育期 N_{and} 均随施氮水平的提高而减小，甚至有负值出现。各施氮处理植株 N_{and} 均随生长天数的增加而增加，在 N0、N90 和 N180 施氮水平时，N_{and} 均大于 0，表明植株体内氮素积累量不足；在 N360 和 N450 处理施氮水平时，N_{and} 小于 0，表明植株体内氮素积累量过剩；在 N270 施氮水平时，N_{and} 在 0 上下波动，表明施氮量在 270 kg·hm^{-2} 时植株体内氮素积累较为适宜。

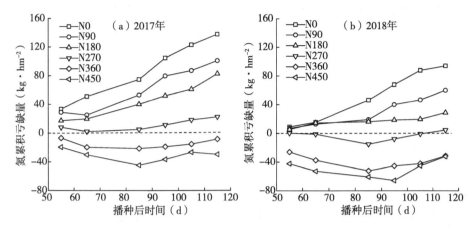

图 4-7　滴灌玉米氮累积亏缺量动态变化曲线

4.3　讨论

4.3.1　施氮对滴灌玉米干物质量、氮累积和产量的影响

作物氮素吸收是作物光合产物的基础，与作物产量密切相关（侯云鹏等，2018）。Wood 等（1996）研究表明，植株氮吸收累积与干物质量累积密切相关。本研究表明，滴灌玉米植株对氮的容纳有一定的限度，地上部干物质量增长和氮吸收累积均受施氮水平的影响，且其随生育进程的推进呈上升趋势（图 4-1，图 4-2），N270 施氮水平下各特征值较为协调，对生物量和氮累积较为有利，尽管 N360 和 N450 施氮水平的干物质量较高，但其氮累积量过高，过多的氮储存在植株中，造成氮奢侈消耗，导致产量下降（图 4-3）。本研究进一步表明，产量并非与施氮水平和氮累积量呈正相关，过多施氮将导致产量下降。可以推测玉米存在氮奢侈消费现象，因而根据动态变化可判定有临界氮浓度稀释曲线存在。

4.3.2　玉米临界氮浓度稀释模型比较

本研究以 2 年田间定位试验构建了宁夏引黄灌区不同年份玉米临界氮稀释曲线模型（图 4-5），通过比较不同年份临界氮稀释曲线模型，其对应的模型中，参数 a 和 b 均存在一定差异。由于 2 年玉米生育期降水量不同造成生长之间存在差异，2018 年玉米干物质量较高于 2017 年，这主要与 2017 年降水量少，从而水热资源供应不足，最终导致干物质量低于 2018 年。此外，随着干物质量的增加，氮含量曲线均呈现出下降的趋势，参数 b 值 2018 年大于 2017 年。参数 a 的 95% 的置信区间 2017 年介于 33.753~34.991，2018 年介于 32.862~35.911，可以看出两者差异不大，平均值为 34.947。由此可见，降水量不会改变模型 a 值的大小。

从构建的模型角度来看，其形式上与华北地区、陕西关中地区和豫中地区建立的玉米临界氮稀释模型一致，其取样时间（播种后 45 d）与银敏华等（2015）的取样时间相同，这说明临界氮浓度稀释模型的建立与玉米的生育期无明显的关系，所得模型 b 均值为 0.307，与梁效贵等（2013）构建模型 b 值（0.4134）、安志超等（2019）所建立的模型 b 值（0.370 和 0.341）和银明华等（2015）施用控释氮肥的构建模型 b 值（0.339）差异较大；与银敏华等（2015）施用尿素构建模型 b 值（0.308）极为接近。但模型 a 值（34.947）与梁效贵等（2013）的模型 a 值（34.914）极为接近，但与银敏华等（2015）的模型 a 值（33.806 和 34.356）、安志超等（2019）的模型 a 值（35.638 和 30.801）的研究结果有所差异，说明宁夏引黄灌区滴灌玉米的氮吸收能力比华北地区、陕西关中地区和豫中地区的玉米中单 909 氮吸收能力强，但是低于豫中地区玉米伟科 702 的氮吸收能力。其原因可能是宁夏引黄灌区玉米采用水肥一体化滴灌施肥模式，遵循"少量多次"的原则，这与梁效贵等（2013）分基施 40% 和大喇叭口期追施 60% 2 次施入、银敏华等（2015）施用尿素时基追比为 2:3 施入和施用控释氮肥时作基肥一次施入、安志超等（2019）分基施 1/3 和大喇叭口期开沟追施 2/3 不同，说明玉米氮素吸收能力可能受施肥方式的影响，也可能是由于玉米品种、土壤类型和气候条件等不同所导致的，或是这些因素的共同作用所影响的，但究竟是何种因素影响较大，仍需设计试验进一步探讨。

4.3.3 滴灌玉米氮素营养诊断评价

氮亏缺量可精确地诊断衡量植株氮素营养状况，对定量作物生长发育过程中的施肥量具有重要的指导意义。若 N_{and} 等于 0，表示植株体内氮素积累恰好合适；若 N_{and} 大于 0，表示植株体内的氮积累不足；若 N_{and} 小于 0，表示植株体内氮积累过剩。银敏华等（2015）利用氮累积亏缺模型对玉米不同生长阶段的氮素营养状况进行诊断，结果发现施用 2 种肥料（尿素和控释肥）的最佳施氮量分别为 160 kg·hm^{-2} 和 120 kg·hm^{-2} 左右。本研究结果表明，供试玉米品种的施氮水平为 270 kg·hm^{-2} 时，N_{and} 在 0 附近波动（图 4-7），表明施氮量在 270 kg·hm^{-2} 时植株体内氮素积累较为适宜。利用 N_{and} 确定的最佳施氮量与张富仓等（2018）基于最小二乘法推荐的宁夏滴灌玉米适宜施氮量（210～325 kg·hm^{-2}）的研究结果基本一致。因此，进一步表明氮亏缺量可以很好地评估玉米的氮素营养状况。

4.4　结论

利用 2 年 6 个氮素水平的定位试验数据，建立了宁夏引黄灌区滴灌玉米临界氮浓度稀释曲线模型，结果表明，滴灌玉米地上部干物质量增长和氮吸收累积均受施氮水平的影响，且其随生育进程的推进呈上升趋势，氮累积量过高或过低均不利于产量形成，玉米植株存在氮奢侈消费现象；滴灌玉米临界氮浓度（N_c）、最高（N_{max}）和最低（N_{min}）氮浓度与地上部干物质量之间均可用幂函数方程来表示，其平均决定系数 R^2 分别为 0.976、0.903 和 0.941，均达到极显著水平；基于临界氮浓度构建的氮吸收模型和氮积累亏缺模型对滴灌玉米生育期内氮素营养诊断结果一致，综合施氮量与产量的拟合曲线，推荐宁夏引黄灌区滴灌玉米施氮量以 270～311 kg·hm^{-2} 为宜。

5 基于叶片干物质的滴灌玉米临界氮浓度稀释曲线构建

氮是影响玉米生长的关键因子，氮肥的合理施用对玉米的产量和品质发挥着举足轻重的作用（郭丙玉等，2015）。但在农田生态系统中，由于氮素养分释放强度和时间与作物需求时间不能同步，施入土壤中的氮素并不能被作物全部吸收，大约60%以上的氮肥在转化过程中易通过氨化作用、硝化作用、反硝化作用、淋洗和径流等途径损失（王小春等，2014），这已成为制约农业可持续发展的重要因素，同时也是我国氮肥利用效率较低的主要原因之一（Zhao，2014a）。在未来玉米集约化种植过程中，必须面对和解决的关键问题是如何在实现水肥精准管理与达到持续增产增效的同时，进一步提高资源利用效率。因此，优化滴灌玉米不同生长阶段所需的氮含量对于促进玉米提质增效和保护生态环境具有重要意义。

准确评价玉米氮素营养状况对优化其生育期氮肥管理至关重要。前人围绕叶绿素计 SPAD 快速诊断（Zheng et al.，2015）和光谱遥感图像处理技术（Ren et al.，2010）等方法对植株氮素营养精确诊断做了大量研究，但上述方法的共同缺点是当作物处于奢侈吸收时，所得结果变异性较大（Ghasemi et al.，2011）。Lemaire 和 Salette（1984）总结了作物生长和氮素吸收的规律，提出了临界氮浓度（N_c）的概念，即作物最大生长所需的最低氮浓度。临界氮浓度因其在作物氮诊断中的准确性和稳定性而受到研究者的广泛关注，此曲线已在水稻（Huang，2018）、小麦（赵犇等，2012）、马铃薯（Giletto et al.，2012）和棉花（薛晓萍等，2006a）等多种农作物上应用，但该模型是基于多年试验的基础上构建的，应用到不同生态气候区域和作物品种时模型参数需校正（赵犇等，2012），对模型的本地化实用研究是非常重要的。就玉米而言，诸多学者基于地上部干物质（DM）分别建立了不同地区夏玉米临界氮浓度曲线（李正鹏等，2012b；Plénet et al.，1999；Yue et al.，2014），而实质上叶片才是玉米生长的中心，是光合作用的重要器官，叶片干物质的分配和氮素分布都是围绕满足叶片的生长发育所进行的。一般情况下，当植株处于胁迫环境时，各器官中的干物质量表现不同（Kage et al.，2002），从而影响模型的建立，故对作物各器官的临界氮浓度稀释曲线进行研究是尤为重要的。目前，基于叶片干物质（LDM）的临界氮浓度曲线在宁夏滴灌玉米种植生产上的应用未见报道。

鉴于此，本研究开展 2 年田间定位试验，以当地主栽品种'天赐 19'为试验对象，建立基于叶片干物质的滴灌玉米临界氮浓度稀释曲线，并对该曲线的可靠性进行评价，以期为宁夏滴灌玉米氮肥精准管理提供新思路。

5.1　建模思路与方法

5.1.1　建模试验

参见第 2 部分 2.2.2 试验设计。

5.1.2　模型描述

5.1.2.1　临界氮浓度模型建立

根据 Justes 等（1994）提出的临界氮浓度稀释曲线计算方法，本研究建模步骤如下：①对每次取样的叶片干物质及对应的氮浓度进行方差分析，将其分为限氮营养和非限氮营养两类；②对受氮素影响的数据，将其干物质与对应的氮浓度值的进行曲线拟合；③对不受氮素影响的氮素水平，取其干物质的均值代表最大值；④采样日的临界氮浓度值由②和③两步中垂线的交点的纵坐标决定。基于叶片干物质的临界氮浓度稀释曲线方程式为：

$$N_c = aLDM^{-b} \tag{5-1}$$

式中，N_c 代表临界氮浓度值（%）；LDM 代表叶片干物质（$t \cdot hm^{-2}$），a 和 b 均为模型的参数。

5.1.2.2　临界氮浓度模型验证

采用均方根误差 RMSE（Root Mean Square Error）和标准化均方根误差（n-RMSE）（Willmott，1982；Yang et al.，2000）来评价模型，其公式分别为：

$$RMSE = \sqrt{\sum_{i=1}^{n} (s_i - m_i)^2 / n} \qquad (5-2)$$

$$n\text{-}RMSE = RMSE/S \times 100\% \qquad (5-3)$$

式中，s_i、m_i 分别为临界氮测定值和模拟值；n 为样本量；S 为实测数据的平均值。模型稳定性参照 Jamiesom 等（1991）提出的标准来衡量，即 n-$RMSE$<10%，模型稳定性极好；10%<n-$RMSE$<20%，模型稳定性较好；20%<n-$RMSE$<30%，模型稳定性一般；n-$RMSE$>30%，模型稳定性较差。

5.1.2.3　氮营养指数模型

参照 Lemaire 等（1991）描述的氮素营养指数模型，方程式为：

$$NNI = N_a / N_c \qquad (5-4)$$

式中，N_a 为叶片实测氮浓度值（%）。若 NNI<1，表明氮素不足；NNI=1，表明氮素恰好合适。

5.1.3　数据处理

参见第 2 部分 2.2.3 测定项目与方法，2.2.4 其他参数计算，2.2.5 数据处理。

5.2　结果与分析

5.2.1　滴灌玉米叶片干物质和氮浓度动态变化

如图 5-1 所示，施氮量对滴灌玉米叶片干物质有显著影响。随着施氮量的增加，叶片干物质逐渐增大。2017 年叶片干物质范围为 0.39~4.29 t·hm^{-2}，2018 年为 0.32~4.06 t·hm^{-2}。在 2017 年玉米生长季，叶片干物质从 N0 处理显著增加到 N3 处理，然而，N3、N4 和 N5 处理之间没有统计学差异。在 2018 年玉米生长季，叶片干物质也显示出与 2017 年类似的趋势，并且都在 N3 处理下获得了最大叶片干物质。在两个试验季节中，不同氮素处理下叶片干物质均满足不等式：N0< N1< N2< N3≈N4≈N5。

如图 5-2 所示，在 2017 年和 2018 年玉米生长季节，叶片氮浓度通常随着氮肥施用量的增加而增加，但随着玉米生育时期的延伸呈逐渐降低趋势。在

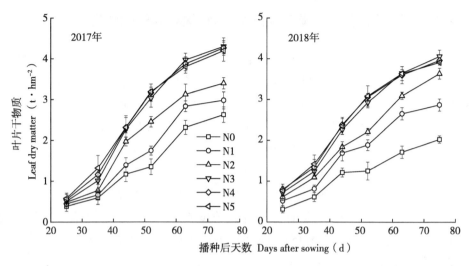

图 5-1 滴灌玉米叶片干物质动态变化

注：图中"短线"表示标准误。下同

2017 年玉米生长季节，叶片氮浓度值的变化区间为 1.38%~3.84%；在 2018 年生长季，叶片氮浓度变化幅度范围为 1.42%~3.61%。

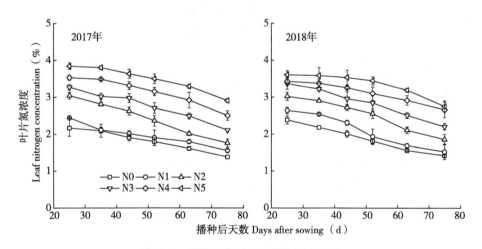

图 5-2 滴灌玉米叶片氮浓度动态变化

5.2.2 滴灌玉米叶片干物质临界氮浓度稀释曲线的建立

如图5-3所示,滴灌玉米临界氮浓度随叶片干物质的增长呈逐渐下降趋势,采用2017年的数据对叶片临界氮浓度稀释曲线进行拟合,其结果为负幂函数模型,方程为 $N_c = 3.29LDM^{-0.29}$,$R^2 = 0.966$,拟合度均达到极显著水平。

本研究在滴灌玉米生长初期(四叶期)叶片干物质值范围为 0.32 ~ 0.77 t · hm^{-2}(图5-1)。由于线性回归斜率较大,叶片临界氮稀释曲线参数不适合低的叶片干物质值,导致计算临界氮浓度时变化较大。因此,在滴灌玉米生长早期,采用恒定的临界氮浓度值。取不受限氮处理的最小氮浓度(3.27%)和限氮处理的最大氮浓度(3.04%)的平均值计算临界氮浓度常数。叶片临界氮浓度的常数为 3.16%,在叶片干物质值为 1.15 t · hm^{-2}时与叶片临界氮稀释曲线相交。则临界氮浓度曲线方程式为:

$$N_c = \begin{cases} 3.29LDM^{-0.29} & (LDM \geqslant 1.15) \\ 3.16\% & (LDM < 1.15) \end{cases} \tag{5-5}$$

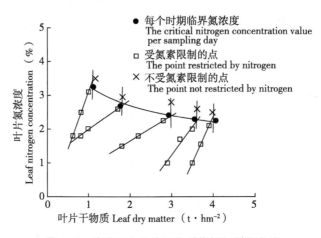

图5-3 滴灌玉米叶片干物质临界氮稀释曲线

5.2.3 临界氮浓度稀释曲线模型的验证

利用2018年获得的独立试验数据集对叶片临界氮稀释曲线进行验证。结果如图5-4所示,叶片临界氮稀释曲线可以很好地区分滴灌玉米的限氮和非限氮生长条件。根据式（5-2）和式（5-3）分别求得 *RMSE* = 0.203，n-*RMSE* = 8.02%，得出模型稳定度极好，说明基于叶片干物质构建的临界氮浓度稀释曲线模型可用于滴灌玉米氮营养诊断。

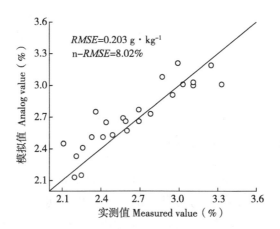

图 5-4　滴灌玉米叶片临界氮浓度稀释曲线的验证

5.2.4　滴灌玉米叶片氮营养指数动态变化

如图 5-5 所示，根据式（5-4）得出 2017—2018 年滴灌玉米生长季氮营养

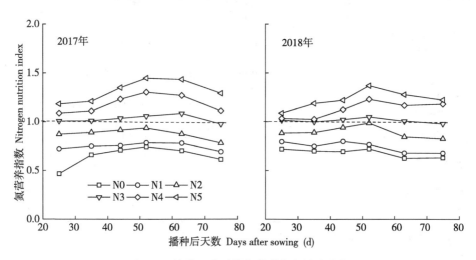

图 5-5　滴灌玉米叶片氮营养指数动态变化

指数。2017 年生长季氮营养指数值变化范围为 0.47~1.44；而 2018 年生长季氮营养指数值变化范围为 0.63~1.37。2 年间滴灌玉米生长季 N4 和 N5 处理的氮营养指数值均大于 1，表明滴灌玉米的生长不受氮肥的限制。N3 处理的氮营养指数值大致在 1 附近波动，表明氮营养对于滴灌玉米的生长是最佳的。相比之下，N0、N1 和 N2 处理的氮营养指数值均小于 1，表明氮营养状况缺乏，限制了滴灌玉米生长。基于以上结果，表明氮营养指数值可以对滴灌玉米氮营养状况进行准确定量。

5.2.5 滴灌玉米不同生长阶段氮营养指数、产量、氮肥农学利用效率及其组分之间的相关性

如表 5-1 所示，滴灌玉米不同生育时期氮营养指数与产量的关系均为显著正相关，相应的决定系数 R^2 均大于 0.88，其中拔节期和吐丝期氮营养指数与产量关系最显著，这种显著性关系可以用不同氮素处理下产量的变化来解释。不同生长阶段氮营养指数与氮肥农学利用效率、氮肥利用率之间呈显著负相关，而不同生长阶段氮营养指数与氮肥生理利用率之间无显著相关性。

表 5-1　不同生长阶段氮营养指数、产量及氮素利用效率间相关性分析

	拔节期氮营养指数	抽雄期氮营养指数	吐丝期氮营养指数	产量	氮肥农学利用效率	氮肥利用率	氮肥生理利用率
拔节期氮营养指数 NNI at jointing stage	1	0.925**	0.943**	0.886**	−0.226	−0.242	0.385
抽雄期氮营养指数 NNI during tasseling		1	0.961**	0.924**	−0.331	−0.113	0.236
吐丝期氮营养指数 NNI during silking			1	0.928**	−0.370	−0.215	0.123
产量 Yield				1	0.184	0.667*	0.518*
氮肥农学利用效率 AE					1	0.574*	0.245
氮肥利用率 RE						1	0.750*
氮肥生理利用率 PE							1

注：* $P<0.05$；** $P<0.01$

5.3 讨论

5.3.1 与其他作物临界氮浓度稀释曲线比较

滴灌玉米叶片临界氮浓度稀释曲线由两部分组成：①当 $LDM<1.15\ t\cdot hm^{-2}$ 时，$N_c=3.16\%$；②当 $LDM\geq1.15\ t\cdot hm^{-2}$ 时，$N_c=3.29LDM^{-0.29}$（图5-3）。在玉米生长初期，由于玉米植株个体小且相互独立，基本不存在光照和氮素养分的竞争，故叶片临界氮值相对稳定。当玉米进入拔节期后，叶面积指数和叶片数量增加，茎秆不断伸长，发生遮蔽现象，导致氮素的稀释过程（Yao et al.，2014b）。叶片临界氮浓度值随着玉米生育进程的推进而逐渐下降。前人在冬小麦和水稻等整株或特定的作物器官上估算氮的稀释量时，其叶片氮浓度值也存在着类似的下降趋势（Yao et al.，2014a；Yao et al.，2014b；Ata-Ul-Karim et al.，2017a）。

本研究中，玉米叶片临界氮浓度稀释曲线的参数 a 值（3.29）高于玉米生长初期恒定的临界氮浓度值（3.16），其原因可能是由于叶片临界氮浓度保持不变，直至叶片干物质达到 $1.05\ t\cdot hm^{-2}$ 时才发生变化（Debaeke et al.，2012）。Plénet 和 Lemaire（1999）关于春玉米研究报道表明，在早期生长期间获得的恒定值（3.4）等于春玉米作物临界氮浓度曲线的参数 a 值（3.4）。此外，在本研究中模型参数 a 的值（3.29）高于 Yue 等（2014）在华北地区建立的整个玉米植株的估算值 $a=2.72$（表5-2）。本研究中 a 值偏高可能与较高的叶片氮含量（LNC）相关，而不是与作物氮浓度相关。在玉米吐丝期叶片的光合作用非常重要，叶片光合作用的能力受氮肥施用量的影响显著。与其他植物组织相比，叶片氮浓度减少，需吸收大量的氮，因此叶片内氮的吸收高于植株内氮的吸收（Lemaire et al.，2007；Lemaire et al.，2008）。此外，新构建的临界氮浓度曲线的 a 值介于不同作物现有叶片临界氮浓度稀释曲线的 a 值范围内（Lemaire et al.，2007；Yao et al.，2014b；Yao et al.，2014a；Ata-Ul-Karim et al.，2017a）（表5-2）。

参数 b 由叶片氮营养与叶片干物质之间的比值决定，因此相对于叶片干物质积累来说，叶片依赖于对氮的吸收。滴灌玉米在吐丝前叶片氮含量的下降主要是由于具有低氮浓度的下部叶片的比例高于具有高氮浓度的上部叶片的比例，这一现象受冠层光分布的调控（Lemaire et al.，2008）。本研究中参数 b（0.29）的值大于关中地区（李正鹏等，2015b）和华北地区（Yue et al.，2014）玉米现有曲线的值（0.27），小于法国（Plénet et al.，1999）玉米曲线的值（0.37）（表5-2）。该结果表明，在吐丝之前叶片氮稀释没有植株氮稀释明显，因为大量的氮素从结构组分（茎）转移到作物的代谢组分（叶片）进行光合作用、呼吸作用和蒸腾作用，导致叶片氮含量缓慢下降（Sinclair et al.，1989）。此外，滴灌玉米叶片临界氮稀释曲线 b 值高于冬小麦（Yao et al.，2014b）和水稻（Yao et al.，2014a；Ata-Ul-Karim et al.，2017b）的叶片临界氮稀释曲线 b 值，由此可见，不同作物临界氮稀释曲线 b 值差异较大（表5-2）。

表5-2　本研究临界氮浓度稀释曲线与其他临界氮浓度稀释曲线的比较

作物 Crops	模型 Model	器官 Organ	地区 Region
玉米	$N_c = 2.25 LDM^{-0.27}$	地上干物质	关中地区
玉米	$N_c = 3.40 DM^{-0.37}$	地上干物质	法国
玉米	$N_c = 2.72 DM^{-0.27}$	地上干物资	华北地区
冬小麦	$N_c = 3.05 LDM^{-0.15}$	叶片干物质	华东地区
水稻	$N_c = 3.76 LDM^{-0.22}$	叶片干物质	华东地区
玉米	$N_c = 3.29 LDM^{-0.29}$	叶片干物质	宁夏灌区

5.3.2 叶片临界氮浓度稀释曲线在作物生产中的应用及可行性分析

氮营养指数是衡量作物氮素状态的理想指标（Lemaire et al.，1984）。本研究中滴灌玉米叶片氮营养指数的范围为 0.47～1.44（图5-5），变异系数（0.77）低于冬小麦（0.97）测量值（Yao et al.，2014b），但大于水稻（0.41）测量值（Yao et al.，2014a）。不同氮素水平下氮营养指数的变化与其他农作物的研究结果相似（Yao et al.，2014a；Yao et al.，2014b）。同时，本研究获得的氮营养指数值能够较好地反映滴灌玉米在限氮和非限氮生长条件下的氮素营养状况。在最佳施氮量条件下，滴灌玉米不同生长阶段氮营养指数与籽粒产量呈显著的正相关关系（表5-2），说明了不同施氮水平滴灌玉米产量的变化，类似的结论已在水稻（Ata－Ul－Karim et al.，2017b）、饲料甜菜（Chakwizira et al.，2016）和冬大麦（Zhao et al.，2016）等多种作物中报道。此外，本研究中氮营养指数与氮肥农学利用效率和氮肥利用率呈负相关关系，表明作物在足够的氮状态下可能导致氮肥农学利用效率和氮肥利用率下降（Peng et al.，2016）。过量的氮不能被滴灌玉米等作物吸收利用，这将对农业生态环境造成污染。氮营养指数与氮肥生理利用率之间没有明显的关系，这一结果与之前的研究一致，说明氮肥生理利用率不受氮素水平的影响，氮肥生理利用率在外部环境波动的情况下仍然保持相对稳定（Novoa et al.，1981；Raun et al.，1999）。

叶片临界氮浓度稀释曲线可以反映不同氮素条件下作物生长的状况（Yue et al.，2014）。Lemaire 指出（2007），在作物生长模拟模型中，叶片本身对氮代谢和结构有一定的需求，说明用临界氮浓度来模拟作物生长过程中氮限制条件下的叶面积扩展和叶片干物质积累可能不合适。因为叶片氮稀释开始时间比植株氮稀释时间晚，叶片氮的需要量在作物生长过程中不能与植株氮的需要量同步。因此，叶片临界氮浓度曲线可能更适合模拟限氮条件下滴灌玉米的叶片生长过程。

在玉米大田生产中，采用本研究提出的临界氮浓度稀释曲线法对滴灌玉米进行氮素营养诊断，只需对玉米叶片干物质量和叶片氮含量进行采样测定，然后将其数值代入临界氮浓度曲线，就可以快速地对玉米的氮营养状况进行判断。该方法相对成本较低，且与地上部干物质建模的方法相比，基于叶片干物质量建模精准度更高，样本测定更快捷方便，且能很好地反应整株玉米的营养状况。

5.4 结论

滴灌玉米在吐丝前叶片氮浓度值随叶片干物质的增加而降低。根据作物氮稀释理论，建立了滴灌玉米叶片临界氮浓度稀释曲线，描述曲线的方程式为 $N_c = 3.29LDM^{-0.29}$，LDM 在 $1.15 \sim 4.29$ t·hm^{-2}。

利用 2018 年独立试验数据集对曲线进行了验证，检验结果发现模型具有良好的稳定性，故叶片临界氮浓度曲线可以用来确定滴灌玉米的氮素营养状况。2 年田间试验均表明，当氮肥施用量为 270 kg·hm^{-2} 时，氮营养指数值约为 1，可见氮营养指数值可以定量分析滴灌玉米的氮素状况。

不同生育期氮营养指数值与产量呈正相关显著，与氮肥农学利用效率和氮肥生理利用率呈负相关，与氮肥利用率无相关性。故氮营养指数可进一步解释滴灌玉米在限氮和非限氮条件下产量的变化。

6 基于叶面积指数的滴灌玉米临界氮浓度模型与氮素营养诊断

氮是影响作物生长发育和潜在生产力的主要营养元素，在玉米生产上，合理施用氮肥、减少氮肥用量、提高氮肥利用效率已成为氮素精细化管理的当务之急（Miao et al., 2011）。近 50 年来，我国夏玉米产量逐年增加，主要得益于氮肥的高效利用以及先进的作物育种技术提升（Zhao et al., 2017; Wang et al., 2014; Guo et al., 2015; Wen et al., 2019; Jiang et al., 2019）。然而，在当前我国以大范围小农户为主的大田玉米种植生产中，不合理施用氮肥导致环境污染的问题日益突出，与氮肥相关的水体污染、土壤污染和大气污染等成了现代农业研究面临的一个严重问题（Ata-Ul-Karim et al., 2017; Yao et al., 2019b）。因此，优化玉米不同生育时期的氮肥施用量对于提高氮肥利用效率、保护环境和实现农业可持续发展具有重要意义。

目前，在准确评价作物氮素营养状态，优化作物生育期氮肥管理的研究上，前人多采用基于叶绿素仪和光谱遥感图像等技术进行监测与诊断（Li et al., 2014; Zhao et al., 2018a; Wang et al., 2012; Li et al., 2018），但上述方法的共同缺点是当作物处于氮素奢侈吸收时，所得的诊断结果并不可靠（Ata-Ul-Karim et al., 2013），从而限制了在作物氮奢侈消费评估中的分析应用。因此，Lemaire（1984）总结了作物生长和氮素吸收的规律，提出了临界氮浓度（Critical Nitrogen Concentration, N_c）的概念，即作物最大生长所需的最低氮浓度。临界氮浓度因其在作物氮诊断中的准确性和稳定性而受到世界各国的广泛关注。法国 Plénet（2000）提出了一种基于植株干物质（Dry Matter, DM）构建玉米临界氮浓度曲线的统计方法，其描述为 $N_c = aDM^{-b}$，后经 Herrmann（2004）证实，在法国构建的曲线对诊断德国和加拿大东部玉米植株氮状况是有效的。此外，相继也有国内学者基于植株干物质和叶片干物质分别建立了不同地区夏玉米临界氮浓度稀释曲线（Zhao et al., 2017; Lemaire et al., 1984; Plénet et al., 2000）。相比而言，构建的模型曲线系数低于法国建立的模型曲线系数，其原因可能是由于气候和区域的差异所造成的（Zhao et al.，2017；Yue et al.，2014）。

基于植株干物质的临界氮浓度曲线可以为玉米氮素营养提供有效的管理信息，但对现代农业氮素管理的适应有一定的局限性。临界氮浓度数据点的获取需要破坏性取样，耗时费力和烦琐的操作步骤，需通过现场采样、烘箱干燥和平衡称重等来确定每个生长阶段植株的干物质（Lemaire et al.，2008）。尽管可以使用遥感技术来估计干物质，但该方法的估计精度无法适应与田间植株干物质空间分布高度相关的变化（Fitzgerald et al.，2010）。而叶面积指数则是与作物种群大小和籽粒产量密切相关的结构参数（Lemaire et al.，1984）。与植株干物质相比，通过在田间或实验室中使用一些非破坏性工具其测量更容易、更快捷（Zhao et al.，2014b；Ata-Ul-Karim et al.，2014）。这说明叶面积指数是构建临界氮浓度稀释曲线较为理想的农学指标，在现代农业生产中可以克服基于干物质方法相关的氮素营养诊断问题。

基于叶面积指数的临界氮浓度曲线已在冬小麦（Li et al.，2018）和水稻等作物中构建（Ata-Ul-Karim et al.，2017；Ata-Ul-Karim et al.，2014）。Lemaire（2007）研究表明欧洲和澳大利亚玉米植株对氮素的吸收与叶面积指数成正比，在密植条件下玉米的生长模式是等距的，而这些观点尚未在我国西北宁夏地区种植的滴灌玉米上进行验证。此外，相关研究也尚未探讨基于叶面积指数和基于干物质的临界氮浓度曲线之间的理论关系。因此，本研究致力于构建新的基于叶面积指数的滴灌玉米临界氮浓度曲线，将其与现有不同作物品种的临界氮浓度曲线进行比较，验证该曲线在水肥一体化条件下的滴灌玉米中评估作物氮素状态的可靠性，并建立理论框架，链接基于叶面积指数和植株干物质的临界氮浓度曲线之间关系，从而为宁夏灌区滴灌玉米生长期的氮状况评估和田间氮素管理提供新的方法。

6.1 建模思路与方法

6.1.1 建模试验

见第 2 部分 2.2.2 试验设计。

6.1.2 模型描述

6.1.2.1 临界氮浓度模型建立

根据 Justes 等（1994）提出的临界氮浓度稀释曲线计算方法，本研究建模步骤如下：①方差分析每次取样的叶面积指数和植株氮浓度有无显著差异，将其分为氮限制组和非氮限制组；②线性拟合限氮处理的植株氮浓度和叶面积指数数据；③垂直线用于表示非限氮处理之间的植株氮浓度的平均值；④使用每个采样日期的斜线和垂直线之间的交点坐标确定临界氮浓度值。基于叶片干物质的临界氮效应稀释曲线方程式为：

$$N_c = aDM^{-b} \tag{6-1}$$

式中，N_c 代表临界氮浓度值（%）；DM 代表叶片干物质（$t \cdot hm^{-2}$），a 和 b 均为模型的参数。

6.1.2.2 临界氮浓度模型验证

采用均方根误差 $RMSE$ 和标准化均方根误差（n-$RMSE$）（illmott 1982；Yang et al.，2000）来评价模型，公式分别为：

$$RMSE = \sqrt{\sum_{i=1}^{n} (s_i - m_i)^2 / n} \tag{6-2}$$

$$n - RMSE(\%) = RMSE/S \times 100 \tag{6-3}$$

式中，s_i、m_i 分别为临界氮测定值和模拟值；n 为样本量；S 为实测数据的平均值。模型评价参照 Jamiesom 等（1991）提出的标准来衡量，即 n-$RMSE$<10%，模型稳定性极好；10%<n-$RMSE$<20%，模型稳定性较好；20%<n-$RMSE$<30%，模型稳定性一般；n-$RMSE$>30%，模型稳定性较差。

6.1.2.3 临界氮吸收和氮营养指数

临界氮吸收（N_{uc}）由式（6-1）两边乘以植株干物质，计算得到临界氮吸收与植株干物质之间的关系：

$$N_{uc} = aDM^{1-b} \tag{6-4}$$

将实际植株氮浓度除以临界氮浓度确定夏玉米在每个采样日的氮营养指数（Plénet et al.，2014），如式（6-5）所示：

$$NNI = PNC/N_c \tag{6-5}$$

当 $NNI=1$ 时，作物氮状态是最佳的；当 $NNI>1$，表示氮过量；当 $NNI<1$，表示植株体内缺氮。

6.1.3 基于叶面积指数和植株干物质的临界氮浓度曲线之间关联的理论框架

在非限氮条件下，玉米叶面积指数与植株氮素吸收呈显著的正线性关系（Plénet et al.，2014）。当叶面积指数和植株干物质之间的异速生长关系的比例系数与临界氮吸收和干物质之间的异速生长关系的比例系数相等时，在作物的营养生长期，植株临界氮吸收和叶面积指数之间有可能形成严格的比例关系。因此，在非限氮处理下，临界氮吸收和叶面积指数之间的关系可以假定为：

$$N_{uc} = eLAI \tag{6-6}$$

当叶面积指数为 1 时，参数 e 代表植株临界氮吸收。在式（6-6）的两侧同时除以植株干物质可以得到临界氮浓度值。由于叶面积指数与植株干物质呈异速生长关系（Lemaire et al.，2007）式（6-8），植株干物质可以通过式（6-8）的转换，利用式（6-9）计算。因此，利用式（6-10）计算临界氮浓度值，参数 e' 表示叶面积指数为 1 时的理论植株临界氮浓度值，由式（6-11）确定。

$$N_c = (eLAI)/DM \tag{6-7}$$

$$LAI = kDM^c \tag{6-8}$$

$$DM = (LAI/k)^{1/c} \tag{6-9}$$

$$N_c = (eLAI)/(LAI/k)^{1/c} = e'LAI^{(c-1)/c} \tag{6-10}$$

$$e' = ek^{1/c} \tag{6-11}$$

6.1.4 数据处理

参见第 2 部分 2.2.3 测定项目与方法，2.2.4 其他参数计算，2.2.5 数据处理。

6.2 结果与分析

6.2.1 构建临界氮稀释曲线

随着玉米生长发育进程的推进，叶面积指数呈逐渐增加的趋势，地上部植株氮浓度呈降低的趋势。施氮显著影响玉米叶面积指数和植株含氮量，2个玉米品种的叶面积指数介于1.13~6.21，植株氮浓度在1.22%~3.31%变化。根据Justes（2014）提出的曲线构建方法，利用试验1和试验3的数据资料，在营养生长阶段构建滴灌玉米临界氮浓度稀释曲线。如图6-1所示，滴灌玉米临界氮浓度随叶面积指数的增加呈下降的趋势，其变化趋势可以通过幂函数方程来拟合。TC19和NY39的临界氮稀释曲线分别为：$N_c = 4.07LAI^{-0.47}$，$R^2 = 0.92$；$N_c = 3.93LAI^{-0.43}$，$R^2 = 0.97$。

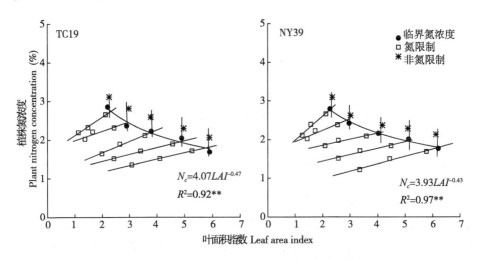

图6-1　同滴灌玉米品种临界氮稀释曲线比较

注：符号（□）代表受氮素限制的点；符号（＊）代表不受氮素限制的点；
符号（●）代表每个采样日临界氮浓度值；曲线是滴灌玉米叶片临界氮浓度稀释效应曲线

基于叶面积指数构建了不同品种临界氮稀释曲线模型（图6-1）。2个模型中，参数a分别为4.07和3.93，参数b分别为-0.47和-0.43。为了进一步分析2个品种之间的显著性差异，首先将幂函数模型进行直线化处理，即$\ln N_c = \ln a + b \times \ln LAI$，TC19和NY39的直线化模型分别为：$\ln N_c = 1.4 - 0.47 \times \ln LAI$，$\ln N_c = 1.37 - 0.43\ln LAI$。采用协方差分析的方法（$P < 0.05$显著水平），分别分析2个品种之间的斜率与截距之间的差异。结果显示，TC19和NY39的斜率与截距的P值分别为0.957和0.648，都大于0.05，说明2个品种之间没有显著性差异。因此，将2个品种的曲线并置拟合，形成滴灌玉米统一的临界氮稀释曲线（图6-2）：$N_c = 3.99LAI^{-0.45}$，$R^2 = 0.96$。

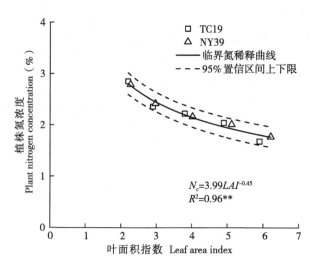

图6-2　基于叶面积指数的滴灌玉米临界氮稀释曲线

6.2.2　验证临界氮稀释曲线

利用2018年2个独立试验（试验2和试验4）获得的数据集对本研究中确定的临界氮稀释曲线进行了验证，由图6-3之a可知，氮限制条件下大部分数据点接近或低于临界氮稀释曲线，而非氮限制条件下数据点接近或高于临界氮稀释曲线。说明构建的临界氮浓度稀释曲线，可以很好地将独立试验资料中氮限制组和非限制组的数据集分开。由图6-3之b可知，将独立数据组中获得的最大叶面积指数代入临界氮稀释曲线后对比实测值和模拟值，利用1：1直线图来直观反映模型的拟合度，经计算均方根误差 $RMSE$ 为0.09，标准化均方根误差 $n\text{-}RMSE$ 为4.13%，稳定度极高，表明本研究基于叶面积指数构建的临界氮浓度稀释曲线可用于宁夏引黄灌区滴灌玉米氮素营养的评估与诊断。

6.2.3　氮营养指数动态变化

如图6-4所示，氮营养指数随着施氮量的增加而增加。TC19和NY39的氮营养指数值范围为0.53～1.34和0.75～1.3。从整体上看，氮营养指数在N3处理大约为1，这表明作物氮素营养对于玉米的生长是最佳的。氮营养指数值对N0、N1和N2处理的氮营养指数均低于1，这表明玉米生长受到氮的限制。氮

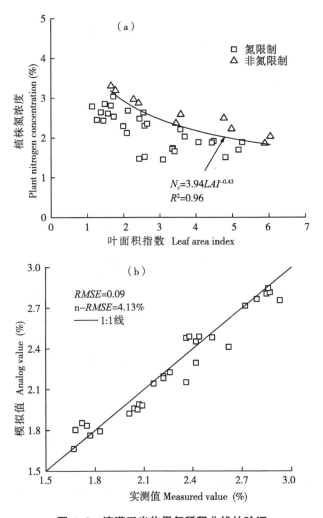

图 6-3 滴灌玉米临界氮稀释曲线的验证

营养指数值对 N4 和 N5 处理高于 1，表明氮素营养过剩。结果证实，氮营养指数可以准确定量地评估不同氮素水平下滴灌玉米的植株氮状况。

6.2.4 非限氮条件下植株临界氮吸收、干物质和叶面积指数之间的关系

在非限氮生长条件下，玉米 V6 至 R1 生长阶段叶面积指数与干物质的异速

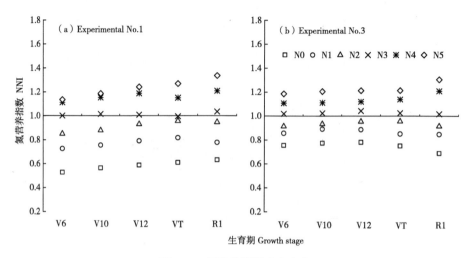

图6-4 氮营养指数动态变化

生长关系密切（图6-5之a）。关系式为：$LAI = 1.10DM^{0.75}$，$R^2 = 0.91$；图6-5之b揭示了在非限氮生长条件下，营养生长期间临界氮吸收和叶面积指数之间的异速生长关系密切，关系式为：$N_{uc} = 22.14LAI^{0.96}$，$R^2 = 0.97$。其中，$22.14kg \cdot hm^{-2}$代表非限氮处理下，单位叶面积指数增长所需吸收的植株氮最少量。

6.3 讨论

6.3.1 植株干物质、叶面积指数和临界氮吸收之间的异速生长关系

在滴灌玉米营养生长阶段，随着叶面积指数的增加，植株氮浓度呈下降趋势，这一结果与前人在小麦、水稻等作物上的研究一致（Zhao et al.，2014b；Ata-Ul-Karim et al.，2014；Yuan et al.，2016）。本研究建立的理论框架可以描述基于叶面积指数和基于植株干物质的临界氮浓度曲线之间的关系式（式6-7至式6-11）。正如关系式（式6-7~式6-11）中，基于叶面积指数和基于干物质的临界氮浓度曲线在数学上是等效的，并且彼此间可相互推导。非限氮条件下，叶面积指数和植株干物质之间观察到稳定的异速生长关系表达式为$LAI = kDM^c$（图6-5之a）。从玉米拔节期到吐丝期，玉米冠层逐渐从孤立到密集状

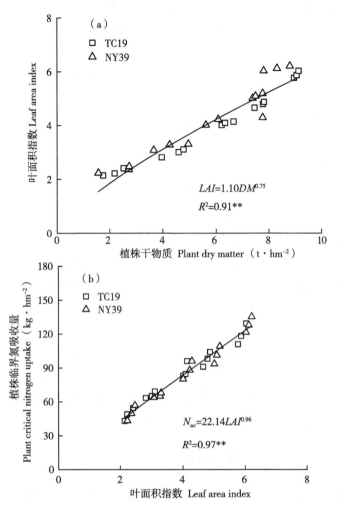

图 6-5 非限氮条件下植株临界氮吸收量，植株干物质量和叶面积指数的异速生长关系

态发展，不同植株之间的光温竞争逐渐向三维投入，使叶片在冠层顶部具有良好的光照层（Lemaire et al.，2007）。因此，异速生长参数 c 的值小于 1（0.75），但该值略高于 Lemaire 等（2007）提出的理论值 2/3，由此表明玉米植株的生长是等距的。如果将推荐值（2/3）代入式（10），则基于叶面积指数的临界氮浓度曲线的理论值为 0.5，接近本研究中的获得值（0.45）。本研究验证了 Lemaire 等（2007）提出的理论假设，基于叶面积指数和植株干物质之间的异速生长关系在作物物种和环境中具有一个通用值（2/3）。

在非氮限制生长条件下，玉米固有叶片参数 k 为 1.10，其定义为每单位植株干物质的初始叶面积指数。本研究中参数 k 值（1.10）小于 Plénet 和 lemaire（2000）的确定值（1.23）。这一差异可能受引黄灌区气候条件的影响，导致玉米拔节期至吐丝期植株干物质和叶面积指数略低。相比之下，而相同指标的数据则是根据 plénet 和 lemaire（2000）从苗期到吐丝期的数据计算得出的。前人研究表明，作物冠层内部固有叶片数量与遮阴水平呈正相关（Gasparatos et al.，2007；Song et al.，2015）。米拔节期的遮阴效果明显高于苗期，因此本研究的固有叶面厚度高于 Plénet 和 Lemaire（2000）观察到的叶面厚度。

本研究中，叶面积指数和临界氮吸收之间的线性关系表达式为 $N_{uc} = eLAI^f$，与 Plénte 和 Lemaire（2000）观察到的相似（图 6-5 之 b）。参数 f 定义为植株吸氮率与叶面积扩展率之间的比值。在非氮限制性处理下，参数 f 值接近于 1（0.96），这表明植株对氮素的吸收与叶面积扩展基本成正比。参数 e 代表植株固有的临界氮吸收量，其被定义为叶面积指数为 $1\ t \cdot hm^{-2}$ 时的临界氮吸收。本研究中的临界氮吸收是基于干物质的临界氮浓度曲线确定的式（6-1），其代表作物最大生长所需的最低植株氮素吸收量。在非氮限制处理下，植株在其生长过程中存在氮奢侈消耗现象。因此，固有的临界氮吸收值（22.14）低于 Plénet 和 Lemaire（2000）确定的值（28.87）。此外，不同环境中固有氮吸收的变化也可以通过固有叶性的差异来解释（Lemaire et al.，2007）。本研究表明，不同器官分配的干物质在植物氮素吸收和叶面积指数之间的关系中起重要作用。

6.3.2 与其他临界氮稀释曲线比较

近年来，国内外学者基于叶面积指数和植株干物质构建了不同地区和作物的临界氮浓度曲线 $[N_c = a\ (DM\ 或\ LAI)^{-b}]$（图 6-6）。在玉米上基于植株干物质构建的曲线参数表现出一定的变异性，如图 6-6 之 a 所示。参数 a 代表当植株干物质为 $1t \cdot hm^{-2}$ 时的临界氮浓度值，前人在玉米的研究中，确定其 a 值介于 2.25～3.45，而参数 b 描述了植株氮浓度随作物生长的下降速率，其值为 0.22～0.37（Zhao et al.，2017；Plénet et al.，2000；Yue et al.，2014；Li et al.，2015）。氮浓度稀释现象的产生归因于 2 个过程：第一，相对于叶片面积，植株将更多的干物质投入结构组分中，使植株长得更高，捕捉更多的光能（Lemaire et al.，2008）。第二，遮阴降低叶片单位叶面积含氮量，这与光照分配相关的氮分布优化相对应,从而优化冠层光合作用(Zhao et al.,2018b)。基于叶面积指数的临界氮稀释曲线参数在不同作物中表现不同(图6-6 之 b)。水稻和小麦中的参数 a 值和 b 值分别为 3.7 和 4.06、0.35 和 0.45(Zhao et al.,2014b;Ata-Ul-Karim et al.,2014)。基于叶面积指数的水稻临界氮浓度曲线的参数 b(0.35)值略低于理论值(0.5),而小麦基于叶面积指数的临界氮浓度曲线的 b 值(0.4)接近于此理论值。根据本研究制定的理论框架(式6-7~式6-11),基于叶面积指数的临界氮浓度曲线的参数 b 与叶面积指数和植株干物质之间关系的参数 c 呈负相关。水稻和小麦的异速生长参数 c 分别为 0.77 和 0.64(Ata-Ul-Karim et al.,2014)。水稻的参数 c 值高于 Lemaire 等(2007)提出的理论值(2/3),这可能是由于水稻的分蘖能力较强。因此,有必要使用大量数据范围内的统计分析来测试不同作物的参数(b 和 c)与理论值之间是

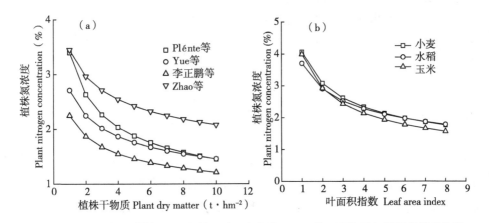

图 6-6　基于植株干物质（a）和基于叶面积指数（b）的不同临界氮稀释曲线的比较

否存在显著差异。由于水稻参数 c 值较高,基于叶面积指数的临界氮浓度曲线的参数 b 值相对较低,表明水稻的相对生长在三维空间上是非等距的,株高的相对增长高于营养生长期间的叶片面积相对增长(Lemaire et al.,2007)。结果进一步证实了本研究中制定的理论框架的有效性。基于叶面积指数的临界氮浓度曲线的参数值较高是由于玉米植株在早期生长阶段积累更多叶面积指数的缘故。当叶面积指数等于 1 时,植物干物质低于 1 t·hm^{-2}。生长后期叶片的相互遮阴和叶茎比的变化比生长前期更明显,导致利用植株干物质构建的临界氮浓度曲线的氮浓度值较低。因此,在相同的玉米植株干物质和叶面积指数值下,

由于发育阶段的差异，基于植株干物质曲线的固有临界氮浓度和稀释程度均低于基于叶面积指数的曲线。

6.3.3 基于临界氮浓度曲线的氮营养诊断

利用基于生长阶段的数学曲线确定生长阶段的精度是十分必要的。Hoogmoed 和 Sadras（2018）认为基于生长指数的临界氮浓度曲线在概念上优于基于生长阶段的临界氮浓度曲线，前者具有较强的理论基础和生理意义。在田间条件下，基于叶面积指数的临界氮浓度曲线比基于生长阶段的临界氮浓度曲线更适合估计玉米的氮素状况。由于玉米在田间条件下生长不均匀，特别是在大面积地区，很难对玉米的生育期进行评价。这可能影响基于生长阶段的临界氮浓度曲线诊断植物氮的准确性。

基于叶面积指数的临界氮浓度曲线可用于诊断滴灌玉米植株密度为 9×10^4 株·hm^{-2} 时的氮素营养状况。本研究采用的植株密度配套宁夏引黄灌区近年来推广的密植高产全程机械化种植模式。然而，需要通过多年试验，供试多种品种，获取更多的数据来测试这条曲线的植株密度范围。Seginer（2004）认为，随着植株密度的增加，植株临界氮浓度值的下降更加明显，但缺乏有效的数据来验证作物的一系列植株密度（$2 \times 10^4 \sim 50 \times 10^4$ 株·hm^{-2}）的这种现象。Lemaire（2007）在植株密度范围内（$6.9 \times 10^4 \sim 250 \times 10^4$ 株·hm^{-2}）纳入了一些作物，以分析氮素吸收、干物质和叶面积指数之间的关系。在 $18 \sim 20$ kg·hm^{-2} 水平上，不同作物单位叶面积的临界氮吸收量相对稳定，与植株密度无关。本研究结果进一步证实了滴灌玉米对氮素的吸收与叶面积指数成正比（图6-5之b），异速生长参数 c 接近理论值 2/3。此外，滴灌玉米营养生长期的生长模式是等距的，这些关系和生长模式不受植株密度的影响。氮营养指数是根据新构建的临界氮浓度稀释曲线计算得到的，其值受品种、季节、施氮量和生育期的影响（Zhao et al.，2017）（图6-4）。

氮营养指数已被公认为诊断作物氮状态的一个农学认指标（Lemaire et al.，2008）Lemaire 和 Gastal（1997）使用氮营养指数来解释作物不同氮素状态下的产量变化。利用现有的临界氮浓度曲线作为滴灌玉米生产中优化施氮量具有十分重要的意义。将临界氮浓度曲线与遥感技术相结合，可以在区域水平上对玉米氮素状况做出准确地诊断。此外，可在时间和空间上重复，从而可以获得非常精确的作物氮状态时空动态信息，这对精准农业非常有用。今后还将进行更多的田间试验，构建并验证不同环境条件下的临界氮浓度稀释曲线，特别是不同植株密度和不同水分条件下的临界氮浓度稀释曲线。

6.4　结论

玉米营养生长期植株氮素浓度随叶面积指数的增大而降低，随氮素水平的提高而增加。滴灌玉米氮素吸收受植株干物质累积和叶面积指数的反馈控制。

建立了滴灌玉米拔节期至吐丝期临界氮稀释曲线（$N_c = 3.99LAI^{-0.45}$），验证结果表明，该曲线可以很好地区分氮限制组和非氮限制组数据资料，品种和季节不影响诊断的准确性。

在玉米生长过程中，植株临界氮吸收与叶面积指数近似呈线性关系，其生长模式在营养生长期间是等距的。新构建的基于叶面积指数的临界氮稀释曲线为滴灌玉米营养生长期氮肥管理提供了一种新的诊断思路。

7 水肥一体化施氮水平对玉米籽粒灌浆和脱水过程的影响

玉米是宁夏农业生产的主要粮食作物，籽粒灌浆过程是玉米生长发育的重要生物学过程，也是玉米一生中极为关键的生育时期，既遵循自身的生物学规律又受外界环境条件的影响（王永宏等，2014；Borras et al.，2009）。在玉米灌浆过程中，合理施用氮肥对籽粒建成至关重要，籽粒的大小和库容的充实程度影响玉米的产量和品质（郭丙玉等，2015）。而生理成熟期籽粒自然脱水是影响籽粒收获后品质及收获质量的重要评价指标（倪长安等，2009；黄兆福等，2019）。籽粒灌浆与籽粒脱水过程同步进行，在玉米籽粒灌浆持续至收获的过程中，明确氮肥对玉米籽粒灌浆和脱水过程的影响，对于玉米达到高产优质和实现农机装备收获具有极其重要的意义。

近年来，研究发现玉米籽粒最终干物质质量的高低主要取决于灌浆速率的大小，而非灌浆持续时间的长短（张海艳等，2007）。方恒等（2018）研究表明，覆膜施氮肥延长了灌浆快增期和缓增期持续时间，并提高了快增期和缓增期的平均灌浆速率。李轶冰等（2013）研究表明，粉垄加地膜覆盖使灌浆渐增期灌浆速率优势明显，且耕作深度越深，优势越明显，加之灌浆期延长，百粒重和产量显著高于未覆膜处理；付晋峰等（2016）研究表明，播期和种植密度对玉米中部籽粒灌浆速率影响主要表现在灌浆后期，密度影响较大。迄今，国内学者围绕品种（张海艳等，2007；徐田军等，2018）、播期（付晋峰等，2016；徐田军等，2016）、施肥水平（方恒等，2018；Ufuk et al.，2010）、种植密度（万泽花等，2018）和耕作方式（李轶冰等，2013）等方面对玉米的灌浆特性做了较多研究，但关于宁夏灌区滴灌水肥一体化条件下不同氮素水平对玉米灌浆和脱水过程动态变化的研究报道甚少。本研究拟以当地主栽玉米品种'天赐19'为研究对象，通过2年田间定位试验和相关数据测定，利用Logistic模型拟合玉米籽粒灌浆过程，系统观测水肥一体化下玉米籽粒含水率的变化动态，研究不同施氮量对玉米灌浆过程和脱水特征的影响，以期为合理施氮调控粒重，实现玉米高产、稳产提供理论参考。

7.1　建模思路与方法

7.1.1　建模试验

参见第 2 部分 2.2.2 试验设计。

7.1.2　模型描述

7.1.2.1　玉米籽粒灌浆模型模拟

参照 Yin 等（2018）方法，利用 Logistic 模型拟合玉米籽粒的灌浆过程，即：

$$W = \frac{a}{1 + be^{-kx}} \tag{7-1}$$

式中，W 是百粒干重增长量（g）；x 是授粉后的天数（d）；a、b 和 k 是参数。将式（7-1）求一阶导数可得：

$$v = \frac{akbe^{-kx}}{(1 + be^{-kx})^2} \tag{7-2}$$

将式（7-2）的二阶导数设置为 0，确定第一拐点（t_1）和第二拐点（t_2）处生长曲线的时间。假设生长等于 99% 的时间是实际灌浆终止期，即生长期被记录为 t_3。t_1、t_2 和 t_3 的计算式为：

$$t_1 = \frac{-\ln(\frac{2 + \sqrt{3}}{b})}{k} \tag{7-3}$$

$$t_2 = \frac{-\ln(\frac{2 - \sqrt{3}}{b})}{k} \tag{7-4}$$

$$t_3 = \frac{\ln(99b)}{k} \tag{7-5}$$

将平均灌浆速率记录为 $\bar{v}$，式（7-2）的积分可得：

$$\bar{\nu} = \frac{1}{k} \int_{y=0}^{y=k} \frac{\mathrm{d}y}{\mathrm{d}x} \cdot \mathrm{d}x = \frac{ak}{6} \tag{7-6}$$

活跃灌浆期记录为 T，可通过最终生长量除以平均生长速率获得，即：

$$T = \frac{a}{\bar{\nu}} = \frac{6}{k} \tag{7-7}$$

式（7-1）的二阶导数表达式为：

$$\frac{\mathrm{d}^2 y}{\mathrm{d}x^2} = \frac{abke^{-kx}(bke^{-kx} - k)}{(1 + be^{-kx})^3} \tag{7-8}$$

将籽粒最大灌浆速率及达到时间和生长量分别记录为 ν_{max}、T_{max} 和 W_{max}，当式（7-8）等于 0 时，可得：

$$T_{max} = \frac{\ln b}{k} \tag{7-9}$$

$$W_{max} = \frac{a}{2} \tag{7-10}$$

$$\nu_{max} = \frac{ak}{4} \tag{7-11}$$

假定最后一次取样测得的百粒干物质质量对应的时期为 t_3，由此确定灌浆渐增期为 $0 \sim t_1$，速增期 $t_1 \sim t_2$，缓增期为 $t_2 \sim t_3$。3 个阶段对应的生长量分别为 W_1、W_2 和 W_3，则对应的 3 阶段灌浆持续时间 T_1、T_2 和 T_3 分别为：

$$\begin{aligned} T_1 &= t_1 \\ T_2 &= t_2 - t_1 \\ T_3 &= t_3 - t_2 \end{aligned} \tag{7-12}$$

3 个阶段平均灌浆速率 ν_1、ν_2 和 ν_3 分别为：

$$\begin{aligned} \nu_1 &= \frac{w_1}{t_1} \\ \nu_2 &= \frac{w_2 - w_1}{t_2 - t_1} \\ \nu_3 &= \frac{w_3 - w_2}{t_3 - t_2} \end{aligned} \tag{7-13}$$

3 个阶段籽粒灌浆贡献率 RGC_1、RGC_2 和 RGC_3 分别为：

$$RGC_1 = \frac{W_1}{W_3}$$

$$RGC_2 = \frac{W_2 - W_1}{W_3} \tag{7-14}$$

$$RGC_3 = \frac{W_3 - W_2}{W_3}$$

综上所述，玉米籽粒灌浆特征参数见表 7-1。

表 7-1　玉米籽粒灌浆特征相关参数

参数 Parameter	生物学意义 Biological significance	参数 Parameter	生物学意义 Biological significance
	籽粒灌浆速率 Grain filling rate（g·d^{-1}）	T_1	渐增期持续时间 Grain filling pyramid stage（d）
T_{max}	达到最大灌浆速率的时间 Time to reach maximum grain filling rate（d）	T_2	速增期持续时间 Grain filling fast increase stage（d）
v_{max}	最大灌浆速率 Maximum grain filling rate（g·d^{-1}）	T_3	缓增期持续时间 Grain filling slow increase stage（d）
W_{max}	达到最大灌浆速率时的生长量 Growthamount at maximum grain filling rate（g·d^{-1}）	v_1	渐增期灌浆速率 Grain filling rate in pyramid stage（g·d^{-1}）
v	平均灌浆速率 Average grain filling rate（g·d^{-1}）	v_2	速增期灌浆速率 Grain filling rate in fast increase stag（g·d^{-1}）
T	活跃灌浆期 Active grain filling stage（d）	v_3	缓增期灌浆速率 Grain filling rate in slow increase stage（g·d^{-1}）
t_1	第一拐点 The first inflection point（d）	RGC_1	渐增期籽粒灌浆贡献率 Contribution rate of pyramid stage on grain filling（%）
t_2	第二拐点 The second inflection point（d）	RGC_2	速增期籽粒灌浆贡献率 Contribution rate of fast increase stage on grain filling（%）
t_3	实际灌浆终值期 Actual grouting final value period（d）	RGC_3	缓增期籽粒灌浆贡献率 Contribution rate of slow increase stage on grain filling（%）

7.1.2.2　模型验证与评价

采用均方差（*RMSE*）和决定系数（R^2）来检验模型的精度（Ufuk et al., 2010），即：

$$RMSE = \sqrt{\frac{\sum_{i=1}^{n}(P_i - O_i)^2}{n}} \qquad (7-15)$$

$$R^2 = 1 - \frac{\sum_{i=1}^{n}(P_i - O_i)^2}{\sum_{i=1}^{n}(P_i - P_{ia})^2} \qquad (7-16)$$

式中，n 为样本数，P_i 为测量值，O_i 为模拟值，P_{ia} 为测量值的平均值。$RMSE$ 越小，说明误差越小，即模型的拟合精度越高。

7.1.3 数据处理

参见第 2 部分 2.2.3 测定项目与方法，2.2.4 其他参数计算，2.2.5 数据处理。

7.2 结果与分析

7.2.1 不同施氮水平对玉米籽粒灌浆过程的影响

7.2.1.1 籽粒灌浆模型及其特征参数

利用 2017 年玉米灌浆期试验数据，分别以授粉后天数（x）为自变量，以百粒干物质质量（W）为因变量构建各处理籽粒灌浆过程模拟模型，结果如图 7-1 之 a 所示，相应的模拟方程如表 7-2 所示。可见，各处理籽粒灌浆过程均可用 Logistic 模型模拟，方程的决定系数均在 0.992 以上，相关系数 R^2 均通过了 0.01 水平的显著性检验。

表 7-2 不同施氮水平玉米籽粒灌浆模型

施氮处理	拟合方程	样本量 n	决定系数 R^2	显著水平
N treatment	Simulated equation	Sample size	Coefficient of determination	Significant level
N0	$w = 32.50/(1+46.19e^{-0.116x})$	18	0.994**	$P<0.01$

（续表）

施氮处理	拟合方程	样本量 n	决定系数 R^2	显著水平
N1	$w=33.26/\ (1+42.31e^{-0.119x})$	18	0.995**	$P<0.01$
N2	$w=34.06/\ (1+37.61e^{-0.114x})$	18	0.995**	$P<0.01$
N3	$w=38.11/\ (1+34.69e^{0.107x})$	18	0.994**	$P<0.01$
N4	$w=36.43/\ (1+36.68e^{-0.109x})$	18	0.994**	$P<0.01$
N5	$w=36.29/\ (1+36.00e^{-0.107x})$	18	0.992**	$P<0.01$

利用 2018 年获得的独立试验数据集对籽粒灌浆过程模型进行验证，结果如图 7-1 之 b 所示。根据模型检验式（7-15）和式（7-16）求得 $RMSE=0.203$，$R^2=0.954$，模拟值与实测值间相关极显著。可以看出模型稳定度极高，表明 Logistic 模型能准确模拟滴灌水肥一体化条件下不同施氮水平处理中玉米的籽粒灌浆过程。

由表 7-3 可知，不同施氮水平下灌浆特征参数有一定差异，其中施氮 270kg·hm^{-2}（N3）处理籽粒达到最大灌浆速率时间（T_{max}）最短，最大灌浆速率（ν_{max}）、达到最大灌浆速率时生长量（W_{max}）、平均灌浆速率（ν）和活跃灌浆期（T）均最大，并且保持了较长的灌浆持续期（t_3）。由此可见，滴灌条件下不同施氮处理中玉米籽粒灌浆特征参数有一定差别，以 N3 处理籽粒灌浆参数最优。

表 7-3　不同施氮水平玉米籽粒灌浆特征参数

处理 Treatment	参数 Parameter					
	T_{max}（d）	$n\nu_{max}$(g·d^{-1})	W_{max}(g·d^{-1})	ν(g·d^{-1}) n	T（d）	T_3（d）
N0	34.05	0.942	16.25	0.61	50.74	70.68
N1	33.45	0.974	16.63	0.62	52.38	70.03
N2	33.70	0.988	17.03	0.64	52.43	71.85
N3	30.01	1.022	19.05	0.68	55.94	75.91
N4	32.11	0.997	18.21	0.66	55.14	75.34
N5	32.52	0.993	18.15	0.66	55.12	75.50

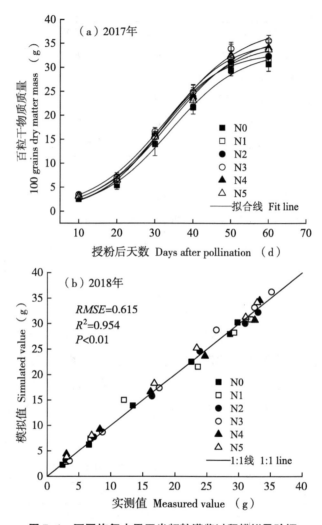

图7-1 不同施氮水平玉米籽粒灌浆过程模拟及验证

7.2.1.2 灌浆速率动态和灌浆时期划分

（1）灌浆速率动态。由图7-2可见，2年试验中，各处理玉米籽粒灌浆速率均表现出先增后减的变化特征。其具体变化过程为授粉后10~30 d，籽粒灌浆速率快速上升；授粉后40~60 d，籽粒灌浆速率呈下降趋势。从灌浆快慢看，不同施氮水平下有一定区别，各曲线并不重合，2年试验均表现为：施氮270 kg·hm⁻²（N3）处理灌浆速率最大，随着施氮水平的升高或降低，灌浆速率均

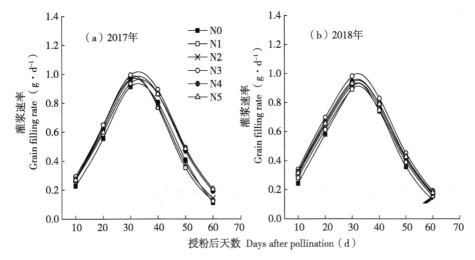

下降。可见，滴灌条件下不同施氮水平处理中玉米籽粒灌浆速率变化过程表现一致，但施氮量不同时曲线的形态特征会有一定差别，其中 N3 处理中籽粒灌浆速率最大。

图 7-2　不同施氮水平玉米籽粒灌浆速率变化过程

（2）灌浆时期划分。根据公式计算得出籽粒灌浆速率曲线的 2 个拐点，可将籽粒灌浆过程划分为渐增期、速增期和缓增期 3 个阶段，拟合出的各阶段特征参数（表7-4）。由表7-4可见，2 年的试验中，各处理玉米籽粒灌浆 3 个阶段持续时间均表现出 T_3（缓增期）> T_2（速增期）> T_1（渐增期）；3 个阶段平均灌浆速率大小均表现为 ν_2（速增期）> ν_1（渐增期）> ν_3（缓增期）；3 个阶段籽粒灌浆贡献率均表现为 RGC_2（速增期）> RGC_1（渐增期）> RGC_3（缓增期）。从 3 个阶段灌浆特征参数的变化看，2 年试验均表现为灌浆速增期的平均灌浆速率和籽粒累积量均最大，对籽粒干物质的累积起到的效果最明显。从各处理数值对比看，施氮 270 kg·hm^{-2}（N3）处理的各阶段籽粒灌浆速率均最大，籽粒贡献率均最高，随着施氮水平的升高或降低，各阶段籽粒灌浆速率和籽粒贡献率均下降。可见，滴灌条件下不同施氮水平中玉米籽粒灌浆 3 个阶段表现一致，但施氮量不同时灌浆各阶段特征参数会有一定差别，其中 N3 处理对籽粒贡献最大，施氮量较为合理。

表7-4　不同处理玉米籽粒灌浆3个阶段持续时间、平均灌浆速率和干重积累量

处理 Treatment	参数 Parameter								
	T_1 (d)	T_2 (d)	T_3 (d)	ν_1(g·d^{-1})	ν_2(g·d^{-1})	ν_3(g·d^{-1})	RGC_1 (%)	RGC_2 (%)	RGC_3 (%)
N0	21.70	22.71	27.53	0.270	0.997	0.141	19.86	60.21	10.93
N1	20.39	22.82	28.27	0.332	1.049	0.119	21.68	62.01	12.31
N2	20.19	23.02	28.65	0.351	1.010	0.130	22.22	65.16	12.62
N3	20.09	25.26	30.57	0.375	1.070	0.173	22.80	69.15	13.04
N4	21.00	24.21	30.13	0.336	1.007	0.165	22.78	68.56	12.66
N5	21.20	24.04	30.26	0.327	1.000	0.171	22.41	67.66	12.93

7.2.2　不同施氮水平对玉米籽粒脱水过程的影响

7.2.2.1　籽粒含水率动态变化

由图7-3可知，2年的试验中，各处理玉米籽粒含水率随着灌浆进程的推进均表现出下降趋势。具体为授粉后0~30 d，各处理籽粒含水率变化差异较小；授粉30 d后，各处理籽粒水率差异较大。从籽粒含水率的大小看，不同施氮水平下有一定区别，各条曲线并不重合。2年试验均表现为：施氮270 kg·hm^{-2}（N3）处理中的籽粒含水率最低，随着施氮水平的升高或降低，籽粒含水率均较高。可见，滴灌条件下不同施氮处理中玉米籽粒含水率变化过程表现一致，但施氮量不同时曲线的形态特征会有一定差别，其中N3处理中籽粒含水率最低，说明此施氮量较为合理。

7.2.2.2　籽粒脱水速率动态变化

由图7-4可知，2017年和2018年试验中，各处理玉米籽粒脱水速率变化不同。具体表现为，滴灌追施氮肥对玉米生理成熟前籽粒脱水速率影响较小，而对生理成熟后的籽粒脱水速率影响较大。生理成熟前籽粒脱水速率以N4处理最大，且各处理间差异不明显；生理成熟后籽粒脱水速率以N3处理最大，各处理间差异较明显。从籽粒脱水速率快慢看，不同施氮水平下有一定区别，2年试验均表现为：施氮270 kg·hm^{-2}（N3）处理中的生理成熟后期籽粒脱水速率最快，随着施氮水平的提高或降低，脱水速率均下降。可见，滴灌条件下

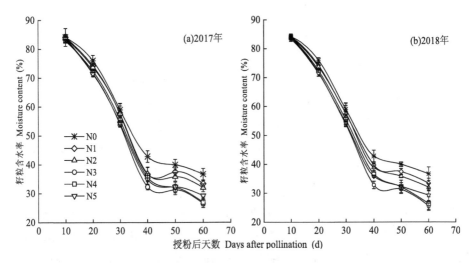

图7-3 不同处理玉米授粉后籽粒含水率的变化过程

注：短线表示标准误，下同

不同施氮处理中玉米籽粒脱水速率变化过程表现一致，但施氮量不同时成熟后脱水速率会有一定差别，其中 N3 处理中脱水速率最大，说明此施氮量较为合理。

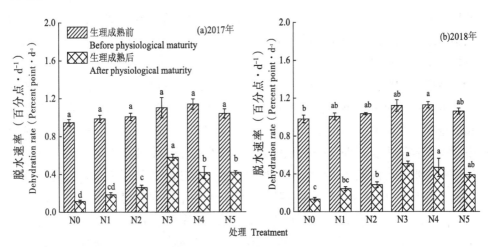

图7-4 生理成熟前后不同处理间籽粒平均脱水速率的比较

注：小写字母表示处理间在 0.05 水平上的差异显著性

7.3 讨论

灌浆速率和灌浆持续期对籽粒干物质质量的影响同步进行（王晓慧等，2014）。孟兆江等（2010）研究认为，最大灌浆速率和平均灌浆速率与籽粒干物质质量密切相关。本试验研究结果表明，在一定范围内，随着施氮量的增加，玉米籽粒干物质质量均表现为增加的趋势，且对最终粒重的影响呈显著性差异。不同氮素水平处理对玉米籽粒灌浆速率的影响有差异，随着施氮量的增加，达到最大灌浆速率的时间提前，各处理玉米灌浆速率均在花后 30～34 d 达到最大，以 N3（270 kg·hm^{-2}）处理最高，说明在一定范围内随氮素水平的提高延迟灌浆开始的时间，但能够提高最大灌浆速率且使达到最大灌浆速率的时间提前。同时，适宜的施氮水平缩短了达到最大灌浆速率时间，这与曹彩云等（2008）的研究结果存在差异，其主要原因是施肥方式有别。氮肥的使用延长了灌浆活跃期，且减少了渐增期的时间，延长了速增期和缓增期的时间，使玉米籽粒干物质质量的积累大部分在灌浆速增期完成，此结果与郭春明等（2008）研究结论一致。施氮明显提高了最大灌浆速率和平均灌浆速率，从而提高籽粒干物质质量，而过高或过低施氮水平下的最大灌浆速率和平均灌浆速率均有所降低，这一结论与吴清丽等（2015）的研究结果一致。综上所述，适宜施氮通过优化灌浆速率、灌浆特征参数及灌浆 3 个时期比例，最终可达到提高籽粒干物质质量的效果。

本研究构建了基于 Logistic 方程的滴灌水肥一体化条件下不同氮素水平处理中籽粒灌浆过程模型，依据模型曲线将籽粒灌浆过程划分为渐增期、速增期和缓增期 3 个时期，渐增期形成大库容是实现高产的先决条件，速增期向库容中调运库容物质，是保证高产的基础。本研究表明，滴灌条件下不同施氮水平处理中玉米籽粒灌浆 3 个阶段持续时间长短依次表现为 $T_3 > T_2 > T_1$，这一结论与武文明等（2016）研究结果一致；3 个阶段的平均灌浆速率大小依次表现为 $v_2 > v_1 > v_3$，与方恒等（2018）所得结果一致；3 个阶段籽粒灌浆贡献率高低依次表现为 $RGC_2 > RGC_1 > RGC_3$，这一结论与汪东炎等（2019）所得结果一致。以上结果均说明滴灌追施氮肥主要影响灌浆速增期和缓增期，适宜的施氮量有利于延长灌浆持续时间，提高相应灌浆速率，而延长速增期和缓增期持续时间，提高渐增期灌浆速率，有利于提高玉米籽粒产量（王晓慧等，2014）。

玉米籽粒脱水速率直接影响玉米籽粒生长发育过程中的含水量。Dwyer 等（1994）研究表明，生育期对玉米收获时籽粒含水率影响最大，晚熟玉米品种较早熟品种收获时籽粒含水率高。本研究表明，滴灌水肥一体化不同施氮水平处理对籽粒含水量的影响有差异。从总体上看，随着籽粒灌浆进程的推进，淀粉、蛋白质、油脂等生物大分子合成产物不断充实籽粒，水分则不断被消耗和替代，各处理授粉后籽粒含水率呈现不断下降的趋势，这一研究结果与李璐璐等（2008）研究结论一致。Gambin 等（2007）测定了不同品种灌浆期籽粒含水率变化，认为脱水速率由含水量下降速率和干物质积累速率共同作用。本研究表明，滴灌施氮对生理成熟前籽粒脱水速率基本无影响，各处理间基本不存在差异，而对生理成熟后的籽粒脱水速率影响较大，各处理间差异较明显。表明适宜的施氮水平主要促进生理成熟后期籽粒脱水速率的发挥，与乔江方等（2017）的研究结果一致。

7.4　结论

水肥一体化滴灌条件下，不同施氮水平下玉米品种'天赐 19'籽粒灌浆过程均符合 Logistic 模型。其中，施氮量为 270 kg·hm^{-2}的水平，可缩短籽粒达到最大灌浆速率的时间，提高籽粒平均灌浆速率，延长灌浆持续期。而且，该施氮量水平有利于生理成熟后期籽粒脱水，使玉米收获期籽粒含水率降低。

8 滴灌施氮水平下玉米籽粒灌浆过程模拟

氮素是玉米需求量最大的营养元素，施氮具有提高作物产量和改善品质的作用（Liu et al.，2013），但施氮过高将会限制作物生长发育导致产量降低，破坏生态环境。相关研究表明，玉米籽粒产量和氮素利用效率均随氮素水平的提高表现先增后减的趋势（吕鹏等，2011），而适宜的施氮量有利于调控作物生长发育，改善光合性能，实现优质高产（李潮海等，2002）。灌浆是玉米一生中重要的生育阶段，籽粒灌浆速率和灌浆时间影响籽粒库容的充实程度，决定了玉米的产量和品质（范仲学等，2001）。因此，研究滴灌水肥一体化条件下不同氮素处理中玉米籽粒灌浆规律在理论与实际上均具有重要意义。

关于玉米籽粒灌浆过程模型构建的研究，大量方法是测定籽粒鲜干重和体积变化，采用数学表达式进行拟合，并对相关参数进行分析。籽粒干物质增长过程呈"S"形，目前多使用多项式（马新明等，2005）、Logistic（王晓慧等，2014；徐田军等，2018）和Richards（雷万钧等，2015；王振峰等，2013；方恒等，2018）生长方程模拟并分析籽粒灌浆过程。研究表明，Richards生长模型可塑性强，拟合度高，且能很好地模拟玉米籽粒的灌浆过程（雷万钧等，2015；王振峰等，2013；方恒等，2018），并能够计算出灌浆速率方程对灌浆期进行准确划分（雷万钧等，2015；王振峰等，2013；方恒等，2018；Brye et al.，2003）。黄振喜等（2007）利用Richards方程拟合夏玉米籽粒灌浆过程，表明灌浆速率快、活跃时间长、积累量大的杂交种更利于获得高的籽粒产量。李向岭等（2010）建立了符合相对群体干物质积累和相对积温关系的Richards方程，可很好地模拟玉米群体干物质积累随积温变化的动态特征。郭春明等（2015）利用Richards方程以相对开花后天数、相对活动积温和相对≥10℃有效积温为自变量，相对百粒重为因变量，分别建立和验证3个东北春玉米籽粒灌浆模型，均能较精确模拟东北春玉米籽粒的灌浆过程。迄今，诸多学者围绕作物干物质积累与时间、积温和气象条件等的关系进行了大量研究，但有关水肥一体化施氮水平下玉米籽粒灌浆过程的拟合分析研究报道甚少。

为此，本研究以滴灌玉米为研究对象，设置不同氮素水平试验，应用Richards 模型对玉米籽粒灌浆动态过程进行拟合分析，研究水肥一体化施氮对玉米籽粒各灌浆特征参数的调控效应，揭示不同施氮量对玉米籽粒灌浆过程的影响规律，为滴灌施氮水平下玉米获得高产提供理论依据和技术支持。

8.1　建模思路与方法

8.1.1　建模试验

参见第 2 部分 2.2.2 试验设计。

8.1.2　模型描述

8.1.2.1　籽粒灌浆模型构建

以开花后天数为自变量，每次所得百粒重为因变量，利用 Richards 方程进行拟合。

$$W = A/(1 + Be^{-Kt})^{1/N} \tag{8-1}$$

式中，A 为终极生长量，B、K、N 分别为初值参数、生长速率参数和形状参数。当 $N=1$ 时，式（8-1）为 Logistic 方程。对式（8-1）求一阶导数，得灌浆速率方程：

$$V = AKBe^{-Kt}/[N(1 + Be^{-Kt})^{(1+1/N)}] \tag{8-2}$$

对式（8-2）求二阶导数得到最大籽粒达到灌浆速率时的时间：

$$T_{max} = (\ln B - \ln N)/K \tag{8-3}$$

将式（8-3）代入式（8-2）得最大灌浆速率：

$$V_{max} = AK(1 + N)^{-(1+N)/N} \tag{8-4}$$

将式（8-3）代入式（8-1）得灌浆速率最大时的生长量：

$$W_{max} = A(1 + N)^{-1/N} \tag{8-5}$$

对式（8-2）求积分得平均灌浆速率：

$$V_a = AK/[2(N + 2)] \tag{8-6}$$

活跃生长期 D 为生长量最终值 A 除以 V_a，即：

$$D = A/V_a = [2(N + 2)]/K \tag{8-7}$$

灌浆速率方程有 2 个拐点，令其对 t 的二阶导数为零时，可得灌浆速率方程 2 个拐点的灌浆时间 t_1 和 t_2 为：

$$t_1 = - \ln \frac{N^2 + 3N + N\sqrt{N^2 + 6N + 5}}{2B} \Big/ K \qquad (8-8)$$

$$t_2 = - \ln \frac{N^2 + 3N - N\sqrt{N^2 + 6N + 5}}{2B} \Big/ K \qquad (8-9)$$

假设达 99% 时为实际灌浆终期 t_3，则：

$$t_3 = - \ln \frac{(100/99)^N - 1}{B} \Big/ K \qquad (8-10)$$

据此，可确定 3 个阶段为：渐增期（T_1）为 $0 \sim t_1$，快增期（T_2）为 $t_1 \sim t_2$，缓增期（T_3）为 $t_2 \sim t_3$。设 3 个阶段对应的生长量分别为 W_1、W_2 和 W_3，则对应的灌浆持续时间分别为：$T_1 = t_1$、$T_2 = t_2 - t_1$、$T_3 = t_3 - t_2$；平均灌浆速率分别为：$V_1 = W_1/t_1$、$V_2 = W_2 - W_1/t_2 - t_1$、$V_3 = W_3 - W/t_3 - t_2$；灌浆贡献率分别为 $P_1 = W_1/W_3$、$P_1 = W_2 - W_1/W_3$、$P_1 = W_3 - W_2/W_3$。

8.1.2.2 籽粒灌浆模型验证

模型的验证采用均方根误差（$RMSE$）和标准化均方根误差（n-$RMSE$）以及通过模拟值与实测值之间 1∶1 直方图来检测模型的拟合度和可靠性。$RMSE$ 和 n-$RMSE$ 的计算公式分别为：

$$RMSE = \sqrt{\frac{\sum_{i=1}^{n}(s_i - m_i)^2}{n}} \qquad (8-11)$$

$$\text{n} - RMSE = \frac{RMSE}{S} \times 100\% \qquad (8-12)$$

式中，s_i、m_i 分别为临界氮测定值和模拟值；n 为样本量；S 为实测数据的平均值。

8.1.3 数据处理

参见第 2 部分 2.2.3 测定项目与方法，2.2.4 其他参数计算，2.2.5 数据处理。

8.2　结果与分析

8.2.1　基于 Richards 模型的籽粒灌浆过程拟合及参数分析

利用 Richards 模型拟合的不同氮素处理中玉米籽粒干物质量增长动态过程如图 8-1 所示。由图可知，不同氮素水平下玉米籽粒干物质增长过程均呈慢-快-慢的"S"形变化趋势，表现为花后籽粒干物质量持续增加。在开花后 10~20 d，籽粒干物质积累缓慢，主要以籽粒形成为主；开花后 20~50 d，籽粒干物质急剧增加，呈快速上升阶段，此时是粒重显著增长期；开花 50 d 后，粒重增加缓慢至趋于稳定。不同氮素处理均随着施氮量的增加干物质积累量减小，以施氮 270 kg·hm^{-2} 水平下籽粒干物质积累量最大。

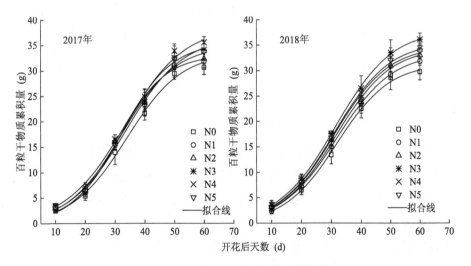

图 8-1　籽粒干物质积累量动态变化

本研究基于 Richards 模型对不同施氮量下玉米籽粒干物质累积量增长动态过程进行拟合，所得方程参数 A、B、K、N 及决定系数 R^2 如表 8-1 所示。由表分析可知，各氮素水平籽粒灌浆过程拟合方程决定系数均在 0.99 以上，拟合效果较好，表明用 Richards 模型能较好地模拟滴灌水肥一体化条件下不同氮素处理中玉米籽粒灌浆动态过程，拟合结果可用于进一步分析与预测籽粒灌浆特性。

表 8-1　不同氮素水平下的 Richards 模型参数

年份	施氮处理	A	B	K	N	R^2
2017	N0	32.12	4.56	0.13	1.25	0.994 **
	N1	33.10	4.07	0.12	1.11	0.995 **
	N2	33.77	4.15	0.12	1.19	0.995 **
	N3	37.33	4.66	0.13	1.41	0.994 **
	N4	35.73	4.66	0.13	1.38	0.994 **
	N5	35.53	4.71	0.13	1.41	0.992 **
2018	N0	30.39	6.21	0.16	1.91	0.997 **
	N1	33.30	3.55	0.11	1.04	0.999 **
	N2	35.14	3.03	0.10	0.88	0.997 **
	N3	38.35	3.10	0.10	0.93	0.999 **
	N4	37.11	2.36	0.09	0.67	0.995 **
	N5	36.43	2.76	0.10	0.80	0.993 **

注：A 为终极生长量；B 为初值参数；K 为生长速率参数；N 为形状参数；R^2 为决定系数

8.2.2　籽粒灌浆过程模型验证

利用独立的试验 2 数据进行玉米籽粒灌浆过程的验证，根据模型拟合的籽粒干物质积累量和实测籽粒干物质积累量 1：1 直方图如图 8-2 所示，模型回代后模拟值与实测值的评价指标均方根误差 $RMSE$ 为 1.03 g·kg^{-1}，标准化均方根误差 n-$RMSE$ 为 5.56%，稳定度较高，表明本研究建立的不同氮素水平下玉米籽粒灌浆模型可用于玉米籽粒干物质累积量的计算。

8.2.3　不同氮素水平籽粒灌浆速率动态变化

如图 8-3 所示，不同氮素处理下籽粒灌浆速率均随着灌浆进程的推进而呈现先增后减的变化规律。具体表现为：开花后 10~30 d，籽粒灌浆速率快速上升；开花后 30~35 d，籽粒灌浆速率均达到灌浆期最大值；开花后 40~60 d，籽粒灌浆速率呈下降趋势。从各处理来看，N0、N1 和 N2 处理的籽粒达到最大灌浆速率的时间较 N3、N4、N5 提前，N0、N1 和 N2 处理在开花后 30 d 达到

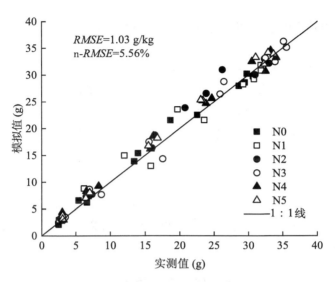

图 8-2 籽粒灌浆过程模型验证

峰值，而 N3、N4、N5 籽粒灌浆速率达到最大的时间基本一致，均在开花后 35 d 达到峰值。

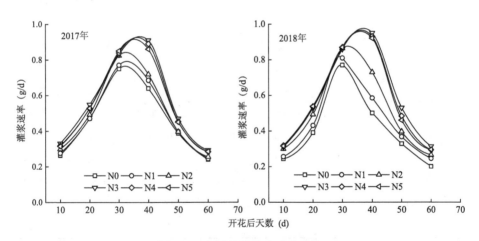

图 8-3 籽粒灌浆速率动态变化

8.2.4 不同施氮水平对籽粒灌浆参数的影响

8.2.4.1 灌浆特征参数

由表 8-2 可见，不同氮素处理下各灌浆特征参数间存在差异。施氮降低籽粒的平均灌浆速率；籽粒最大灌浆速率、灌浆速率最大时的干物质积累量、活跃生长期和实际灌浆终期均随氮素水平的提高呈先增加后降低的趋势。从施氮水平上看，N3 处理达到最大灌浆速率的时间最早，最大灌浆速率、灌浆速率达到最大时的干物质积累量和活跃灌浆期均最大，实际灌浆终期最长，平均分别为 30.84 d、1.006 g·d^{-1}、19.07 g、56.91 d、76 d。表明施氮 270 kg·hm^{-2} 水平下有利于缩短达到最大灌浆速率的时间，延长籽粒灌浆期，但降低籽粒的平均灌浆速率。

表 8-2　不同施氮水平对籽粒灌浆特征参数的影响

年份	氮素水平	T_{max} (d)	V_{max} (g·d^{-1})	V_a (g·d^{-1})	W_{max} (g)	D (d)	t_3 (d)
2017	N0	35.05	0.942	0.68	16.25	50.34	70.68
	N1	33.75	0.970	0.66	16.63	51.38	71.23
	N2	33.10	0.994	0.65	17.03	52.43	73.85
	N3	30.01	1.022	0.64	19.05	55.94	75.91
	N4	32.11	0.991	0.65	18.21	55.14	75.54
	N5	32.52	0.970	0.65	18.15	55.12	75.40
2018	N0	33.69	0.902	0.66	15.70	51.58	71.50
	N1	32.89	0.913	0.63	16.69	55.50	74.39
	N2	32.82	0.925	0.62	17.44	56.56	75.14
	N3	30.67	0.990	0.60	19.09	57.87	76.09
	N4	31.75	0.952	0.63	18.16	57.20	75.71
	N5	31.86	0.942	0.62	17.98	57.26	75.46

注：T_{max} 为最大灌浆速率出现的时间；V_{max} 为最大灌浆速率；V_a 为平均灌浆速率；W_{max} 为灌浆速率最大时的干物质积累量；D 为活跃生长期；t_3 为实际灌浆终值期

8.2.4.2 灌浆时期划分

依据 Richards 模型拟合计算出的玉米籽粒灌浆各阶段特征参数如表 8-3 所

示。由表 8-3 可以看出，不同氮素水平下玉米各灌浆阶段的灌浆持续期均表现为缓增期>速增期>渐增期，灌浆速率表现为速增期>渐增期>缓增期，籽粒干物质积累贡献率同样表现为速增期>渐增期>缓增期。在渐增期，随着氮素水平的提高籽粒贡献率均表现为下降的趋势，说明增施氮肥降低了渐增期对灌浆的贡献率，平均灌浆速率差异不明显，施氮是通过减少渐增期持续天数而降低了对灌浆的贡献率。在速增期，随着氮素水平的提高灌浆天数呈现先增加后减少的趋势，灌浆速率呈减小的趋势，但灌浆天数的增加弥补了灌浆速率的减小，对籽粒灌浆的贡献总体上表现为增加的趋势。在缓增期，灌浆天数及对灌浆的贡献，随着氮素水平的提高均呈现先升高后降低的趋势，N3 处理表现最优，说明施氮量为 270 kg·hm^{-2}时，能维持较高的后期灌浆活性。

表 8-3　不同氮素水平下灌浆各阶段持续时间、平均灌浆速率及贡献率

年份	氮素水平	渐增期			速增期			缓增期		
		T_1 (d)	V_1 (g/d)	P_1 (%)	T_2 (d)	V_2 (g/d)	P_2 (%)	T_3 (d)	V_3 (g/d)	P_3 (%)
2017	N0	21.78	0.306	22.77	22.71	1.057	60.21	27.53	0.141	8.77
	N1	20.39	0.332	20.54	22.82	1.049	62.01	28.27	0.119	10.25
	N2	20.19	0.351	19.22	23.02	1.019	65.16	28.65	0.13	11.43
	N3	20.09	0.375	18.80	25.26	1.011	69.15	30.57	0.173	15.04
	N4	20.00	0.336	18.78	24.21	1.007	68.56	30.13	0.165	13.66
	N5	19.80	0.327	18.41	24.04	1.000	67.66	30.26	0.171	13.93
2018	N0	22.67	0.302	19.86	22.64	0.964	58.21	28.18	0.122	9.13
	N1	19.71	0.321	17.68	24.36	0.960	60.55	30.32	0.135	11.35
	N2	19.41	0.343	16.45	24.83	0.943	63.34	30.9	0.142	12.48
	N3	19.07	0.356	16.35	25.47	0.927	66.77	31.62	0.157	14.84
	N4	19.09	0.333	15.36	25.11	0.923	65.65	31.25	0.147	12.78
	N5	19.12	0.317	15.41	25.14	0.924	65.12	31.28	0.148	12.82

注：T_1、T_2、T_3为渐增期、速增期和缓增期持续时间；V_1、V_2、V_3为渐增期、速增期和缓增期平均灌浆速率；P_1、P_2、P_3为渐增期、速增期和缓增期籽粒干物质贡献率

8.2.4.3　灌浆参数与籽粒干物质积累量间的相关性分析

由表 8-4 可以看出，百粒干物质积累量与各阶段籽粒灌浆速率均呈显著正

相关（$P<0.01$），其中与速增期灌浆速率的相关程度最密切（$r=0.93$），与平均灌浆速率的相关程度次之（$r=0.87$）。百粒干物质积累量与各时期籽粒贡献率均呈显著正相关（$P<0.01$），与灌浆持续时间参数相关均不显著。

表8-4　相关性分析

参数	T_{max}	V_{max}	V_a	T_1	V_1	P_1	T_2	V_2	P_2	T_3	V_3	P_3
HGW	0.44	0.88**	0.87**	0.46	0.86**	0.92**	0.23	0.93**	0.89**	−0.31	0.87**	0.96**

注：HGW 为百粒干物质积累量，其他缩写同表8-2和表8-3。** 表示在 $P<0.01$ 水平相关；* 表示在 $P<0.05$ 水平相关

8.3　讨论

本研究建立了宁夏引黄灌区水肥一体化施氮水平下玉米籽粒灌浆过程模型（表8-1），各处理籽粒灌浆过程模型在形式上与方恒等（2018）针对陕西地区建立的玉米籽粒灌浆过程模型一致，其采样时间（开花后 10 d）与方恒等（2018）的采样时间（开花授粉 6 d）大致一样，这说明籽粒灌浆过程模型的建立与玉米的生育期无明显的关系；所得模型的 A 值（30.39~38.35）与方恒等（2018）构建的模型 A 值（20.79~30.994）差异较大，说明宁夏引黄灌区滴灌玉米的氮吸收能力比陕西地区玉米氮吸收能力强。其原因如下：①宁夏引黄灌区采用滴灌水肥一体化方式，肥随水施入，在玉米整个灌浆期会分 3 次施入其所需的氮肥，这与方恒等（2018）将氮肥作基肥一次性施入不同，说明施肥方式对玉米籽粒干物质的积累有一定的影响。②近年来宁夏引黄灌区推广"水肥一体化密植高产的"栽培方式，其密度（9 万株·hm⁻²）高于方恒等（2018）研究的种植密度（6.7 万株·hm⁻²），使其在同一生育期的百粒干物质积累量（图8-1）高于陕西地区。

籽粒灌浆是同化产物由源向库运输的结果，百粒干物质积累量是反映籽粒灌浆积累的指示性状（董茜等，2014），是构成作物产量的重要因素之一（董茜等，2014；万泽花等，2018；张富仓等，2018）。在灌浆进程中，籽粒灌浆前期形成大库容，灌浆中期向库容中调运库容物质是保证籽粒质量和产量的基础（李朝苏等，2015）。籽粒生长所需的 80%~90% 的碳水化合物都是来自开花后的同化产物，只有 10%~20% 来自原有储备（李朝苏等，2015；杨明达等，

2019)，因此了解灌浆速率、灌浆持续期能更好地掌握作物的生长状态。本研究利用 Richards 模型对滴灌水肥一体化条件下不同氮素处理中玉米籽粒灌浆进程的拟合结果表明，各处理籽粒灌浆过程均符合 Richards 生长曲线（图 8-1），各处理参数 A（最大灌浆籽粒干物质积累量）随施氮量的增加表现为先增后减的变化规律（表 8-1），以施氮 270 kg·hm^{-2} 水平下籽粒干物质积累量达到最大，而施氮水平在 360 kg·hm^{-2} 和 450 kg·hm^{-2} 时百粒干物质积累量均随之降低，进而影响了产量的提升。这一方面可能由于氮肥施用量过多，植株中下部通风不良，群体结构恶化，光合速率下降，呼吸强度增加所致；另一方面是氮素过量供应，叶片碳氮比下降，氮代谢旺盛，光合产物的输出量下降，对光合器官又产生了反馈抑制作用（李婷等，2018；岳克等，2018）。因此，通过适宜的氮肥运筹，协调花前花后物质积累，保持源库畅通，促进物质向籽粒中快速转移，对于提高作物产量具有重要意义。

　　籽粒干物质积累量是影响玉米产量高产稳产与否的重要因素，而灌浆期则是最终决定籽粒质量的关键期（史建国等，2013）。前人研究表明，适宜的施氮量不仅可以提高有效穗数和穗粒数，而且可以增加百粒干物质积累量，但施氮量过高又会降低百粒质量（曹彩云等，2008）。王贺正等（2013）认为，提高籽粒质量的关键是提高速增期的灌浆速率，防止灌浆末期植株早衰，提高缓增期的灌浆速率，从而使源器官制造的光合产物快速运往籽粒。本研究发现，不同施氮处理对玉米籽粒的灌浆速率的影响有差异（图 8-3），随着氮素水平的提高，籽粒达到最大灌浆速率的时间提前，各处理玉米籽粒灌浆速率均在花后 30~35 d 达到最大，以施氮 270 kg·hm^{-2} 时最高（表 8-2），说明在一定范围内增施氮肥可推迟籽粒灌浆启动的时间，但能够提高最大灌浆速率且使达到最大灌浆速率的时间提前，这与吴清丽等（2009）的研究结论一致。施氮缩短达到最大灌浆速率的时间，使灌浆快速进入速增期，减少渐增期的时间，但延长速增期及缓增期时间，最终延长籽粒灌浆持续期，这对最终籽粒干物质的形成极为有利（表 8-3）。综上所述，适宜施氮通过优化灌浆速率、灌浆期及灌浆期 3 个阶段的比例，最终可达到提高籽粒干物质积累量和籽粒产量的效果。

　　籽粒灌浆速率和灌浆过程持续天数均与百粒干物质积累量密切相关（徐田军等，2016）。张丽等（2015）研究表明，在灌浆 16~28 d 影响籽粒的灌浆会导致籽粒干物质积累量的降低，从而影响最终的籽粒容重。钱春荣等（2014）研究认为，增加籽粒灌浆速增期和缓增期的持续时间，缩短渐增期库容建成时间可提高玉米产量。本研究表明滴灌玉米的百粒干物质积累量与各时期籽粒灌浆速率均呈显著正相关，其中与速增期灌浆速率相关最密切，且百粒干物质积累量与各时期灌浆贡献率均呈显著正相关，与灌浆持续时间各参数相关不显著（表8-4）。渐增期、速增期和缓增期的籽粒贡献率则分别约占18.3%、64.37%和12.21%，进一步表明速增期籽粒贡献对干物质积累影响较大。由此可见，速增期灌浆速率对百粒干物质的形成具有重要贡献。

8.4 结论

滴灌水肥一体化条件下，不同氮素处理中玉米籽粒灌浆过程均可用Richards模型拟合分析。施氮270 kg·hm^{-2}缩短了籽粒达到最大灌浆速率的时间，但提高最大灌浆速率，延长灌浆持续期，最终可达到提高籽粒干物质积累量的效果。

9 研究展望与存在问题

9.1 作物临界氮浓度模型研究展望

据预测，到 2050 年，粮食产量需要在现有的基础上增加 70%～110%才能满足人们对于粮食的需求。中国作为世界上人口最多的国家，粮食需求尤为迫切，预计到 2033 年，粮食产量需在原有基础上增长 35%才能满足中国人口增长的口粮需要。小麦、玉米和水稻是我国三大粮食作物，2017 年播种面积占中国粮食作物总播种面积的 80%以上，产量分别达到 12 794.09 万 t、25 907.07 万 t 和 21 267.59 万 t，总产量占到中国粮食产量的 90%以上。虽然中国的粮食产量稳步增长，但我国三大粮食作物的进口量仍逐年增加，并未实现 100% 的自给。因此，在现有基础上持续提高三大粮食作物的产量，对于保障我国粮食安全意义重大。氮肥对粮食增产的贡献率达到 30%～50%，对于粮食产量增加起到了至关重要的作用。但施入的氮肥并未被作物全部吸收，有 60%～70%的氮肥通过挥发、淋洗等途径损失，并且这种现象由于不适宜地施肥变得更加严重。中国是世界上最大的氮肥生产和消费国，其中三大粮食作物的氮肥用量占到了中国氮肥消费总量的 49%。从 1990 年至 2015 年，中国氮肥投入增加了 732.2 万 t，但是氮肥利用率只有 35%，低利用率背景下，氮肥的大量投入带来了一系列的环境问题，诸如土壤酸化、水体污染、温室气体排放等。研究表明，中国现阶段继续增加氮肥投入对提高粮食产量的效果甚微，但其增产稳产的作用又不可替代。因此，如何利用更少的氮肥生产出更多的粮食，就要求生产者在作物氮素管理过程中准确地诊断作物氮素营养状况，合理做出施肥决策，进而匹配土壤氮素供应与作物氮素需求，在提高产量的同时降低环境污染。随着研究的深入，临界氮浓度稀释曲线的构建方法和应用区域不断拓展，在我国大多农业生态区域均建立了不同的临界氮浓度稀释曲线，用于氮素营养诊断和产量品质预测等。及时掌握作物氮素变化规律，探索建立有效的精确氮素管理理论和技术体系不仅可以保障和实现作物高产与氮肥资源高效利用，还能降低对环境的破坏，减少农业投入成本，从而产生巨大的社会、经济和生态效益。

9.1.1 作物氮营养指数的快速获取

氮素是作物生长的必需营养元素，作物生长过程中植株及各器官的氮浓度随植株的生长而表现出稀释现象，但由于自身的生理代谢和生长发育阶段不同，不同器官对氮素变化的反应存在差异，因此基于不同器官建立的曲线在不同生育期的氮素营养诊断表现也不同。目前的研究多集中于探索适用于不同生育期的最佳氮浓度稀释曲线，而忽略了器官之间的特异性，即哪种器官的氮素营养状况能更准确地反映作物氮浓度或氮营养指数等指标，从而直接有效地应用到氮素营养诊断中。伴随遥感技术的发展，建立了植被指数与测定指标之间的相关关系，氮浓度与植株干物质都可以通过这种相关关系直接或间接的估测，氮营养指数也更加容易计算。通过这种方法得到的氮浓度和氮营养指数可以提高氮素营养诊断的效率，但是每一步估测过程中产生的偏差是否会影响氮肥调控措施，并没有明确。在使用传感器进行估测时，传感器的测量参数，例如测量角度等都会对传感器测量的准确性产生影响。同时，作物不同生长阶段也会显著地影响植被指数的表现。因此，建立临界氮浓度稀释曲线既要考虑可靠性又需要考虑快速简便性，在提高诊断效率的同时兼顾诊断的准确性。

9.1.2 多因素条件下作物临界氮浓度稀释曲线的变化

已有研究的作物临界氮浓度稀释曲线多在氮素处理不同而其他条件相对适宜的状况下建立，而在实际生产中，作物会遭受不同因素引起的胁迫。比如，我国北方小麦，其生长期间的干旱胁迫严重影响最终产量。研究表明，干旱胁迫条件下的作物临界氮浓度稀释曲线和氮营养指数值均低于正常水平，其原因一是由于水分缺乏限制了植株的生长，干物质减少导致氮积累量降低；二是由于水分与氮素的有效性相关，水分不足降低了土壤氮素的有效性，导致土壤氮素供应能力下降，所以当氮营养指数小于1时并不一定代表作物缺氮，需要进一步追施氮肥。除了考虑水分限制外，其他元素诸如磷、钾等与氮素的互作也会影响到作物的氮素营养状况。另外，本文中所涉及的曲线研究均是为了建立临界氮浓度稀释曲线而开展的氮素水平试验，试验结果与实际生产情况可能存在差异，曲线效果需要在实际生产中进一步验证。并且现在农民偏向于"一炮轰"的施肥策略，诸如此类农田管理措施的改变对作物氮浓度稀释规律和临界氮浓度稀释曲线的影响如何，需要研究探讨。因此，明确不同条件下影响作物临界氮浓度稀释曲线的因素，对于该曲线和氮营养指数在作物氮营养诊断上的应用具有十分重要的意义，仍需要进一步的研究。

9.1.3　作物高产高效的临界氮浓度稀释曲线构建

现有的作物临界氮浓度稀释曲线均基于专门的氮素水平试验而建立，氮肥用量和氮肥施用次数（大多包括基肥施用和追肥）在试验实施之初已经确定，这意味着氮肥用量并不会根据作物的实际生长状况而做出改变，但是由于地力的影响，试验设计中最优化的氮肥用量并非实际作物生产中最优的氮肥用量，其可能产生的影响是造成单个时期样品氮浓度和生物量的偏高或偏低，从而影响拟合的效果。尽管这种试验设计能够保证作物临界氮浓度稀释曲线是在高产的条件下建立的，但是并没有考虑到氮肥利用率的问题，而在国家"氮肥零增长"政策的指导下，不再增加氮肥投入而保证作物高产，其重要途径之一即是提高氮肥的利用率，实现作物高产高效。作物高产高效临界氮浓度稀释曲线可以作为一条"标准曲线"，重新计算作物生长过程中氮营养指数变化和划定关键生育期诊断作物氮素状况和预测作物产量的氮营养指数阈值，用于作物高产高效生产过程中的诊断、调控和预测。但是现有的研究并没有针对高产高效条件下的临界氮浓度稀释曲线，基于此我们提出构建作物高产高效临界氮浓度稀释曲线的方法设想：首先通过模型模拟确定最佳的高产高效栽培方案，包括最佳播期、最佳播种量等；改变以往的氮肥施用方式，尤其是追肥时严格执行试验方案的做法，通过模型模拟和遥感诊断（或其他诊断方法），确定实现高产高效的最佳氮肥用量，以此为基础设置氮肥梯度。

9.2　作物临界氮浓度模型研究中存在的问题

本研究所进行的大田氮肥试验均在同一个地区，基于此建立的氮素诊断模型是否会受到不同环境因素的影响，以及能否应用于其他地区还需要进一步的研究证明。

　　本研究建立的临界氮浓度模型是基于植株地上部分的，未考虑植株根系建成吸收的氮素及土壤对氮素的吸附固定等因素造成的氮素损耗。因此，在以后的研究工作中，可考虑这方面因素，建立更加完善的玉米精准施肥体系。

　　2个试验点间产量、生物量、氮素积累和氮素利用率的差异主要是由基础土壤和气象条件不同所致，至于诸多生态因子中，起主要作用的因子及其定量影响有待在以后的研究中探讨。

　　作物全生育期内采用水肥一体化滴灌施肥技术，在灌溉的同时，可根据灌溉水量，准确地控制施肥量，具有节水、省肥、管理方便的优点。在今后的应用中应该实现自动化远程精准控制，省时、省力、省工。

　　氮素的吸收和利用是玉米氮高效的重要指标，但氮素的吸收和利用是此消彼长的关系，如何协调氮素高效吸收和高效利用的关系，并提供有效的调控途径，有待于进一步论证。

　　本研究只考虑了不同水平下大量元素"氮素"对作物生长的响应，今后应进一步考虑不同水平的磷肥和钾肥对作物生长的影响，从而探索作物临界磷浓度模型和临界钾浓度模型，这更具有研究的挑战性。

缩略词

符号	中文全称	英文全称
AE	氮肥农学利用效率	Agronomic N Use Efficiency
DM	地上部干物质量	Shoot Dry Matter
LAI	叶面积指数	Leaf Area Index
LDM	叶片干物质	Leaf Dry Matter
N_{and}	氮积累亏缺值	Nitrogen Accumulation Deficit
N_c	植株临界氮浓度	Critical Nitrogen Concentration
N_{na}	实际氮积累量	Actual Nitrogen Accumulation
NNI	氮营养指数	Nitrogen Nutrition Index
N_{uc}	临界氮吸收	Critical Nitrogen Absorption
N_{upt}	地上部氮吸收量	Aboveground Nitrogen Uptake
PDM	植株干物质	Plant Dry Matter
PE	氮肥生理利用率	N Fertilizer Physiological Efficiency
RE	氮肥利用率	N Fertilizer Recovery Efficiency
$RMSE$	均方根误差	Root Mean Square Error
RY	相对产量	Relative Yield
SPAD	相对叶绿素含量	Soil and Plant AnalyzerDevelotrnent.
T_{max}	达到最大灌浆速率的时间	Time to Reach Maximum Grain Filling Rate
W_{max}	达到最大灌浆速率时的生长量	Growth Amount at Maximum Grain Filling Rate
V_{max}	最大灌浆速率	Maximum Grain Filling Rate
RGC_1	渐增期籽粒灌浆贡献率	Contribution Rate of Pyramid Stage on Grain Filling
RGC_2	速增期籽粒灌浆贡献率	Contribution Rate of Fast Increase Stage on Grain Filling
RGC_3	缓增期籽粒灌浆贡献率	Contribution Rate of Slow Increase Stage on Grain Filling

主要参考文献

安志超，黄玉芳，汪洋，等，2019. 不同氮效率夏玉米临界氮浓度稀释模型与氮营养诊断 [J]. 植物营养与肥料学报，25（1）：123-133.

曹彩云，李科江，崔彦宏，等，2008. 长期定位施肥对夏玉米籽粒灌浆影响的模拟研究 [J]. 植物营养与肥料学报，14（1）：48-53.

董茜，雍太文，刘小明，等，2014. 施氮方式对玉米-大豆套作体系中作物产量及玉米籽粒灌浆特性的影响 [J]. 作物学报，40（11）：2 028-2 039.

杜娅丹，曹红霞，谷晓博，等，2016. 基质栽培番茄临界氮浓度和氮营养指数研究 [J]. 节水灌溉（9）：1-7.

范仲学，王璞，Boening-Zilkens M，等，2001. 育苗移栽夏玉米灌浆特性研究 [J]. 玉米科学，9（2）：47-49.

方恒，李援农，谷晓博，等，2018. 覆膜与施氮组合下夏玉米籽粒灌浆过程拟合分析 [J]. 农业机械学报，49（8）：245-252.

方建刚，白爱娟，肖科丽，等，2009. 陕西伏旱气候特征及成因分析 [J]. 干旱地区农业研究，27（2）：28-34.

付晋峰，王璞，2016. 播期和种植密度对玉米籽粒灌浆的影响 [J]. 玉米科学，24（3）：117-130.

郭丙玉，高慧，唐诚，等，2015. 水肥互作对滴灌玉米氮素吸收、水氮利用效率及产量的影响. 应用生态学报，26（12）：3 679-3 686.

郭春明，任景全，曲思邈，等，2015. 东北春玉米郑单 958 籽粒灌浆过程的模拟 [J]. 中国农业气象，36（3）：323-330.

侯云鹏，李前，孔丽丽，等，2018. 不同缓/控释氮肥对春玉米氮素吸收利用、土壤无机氮变化及氮平衡的影响 [J]. 中国农业科学，51（20）：111-123.

黄兆福，明博，王克如，等，2019. 辽河流域玉米籽粒脱水特点及适宜收

获期分析 [J]. 作物学报, 45 (6)：922-931.

贾彪, 马富裕, 2016. 基于机器视觉的棉花氮素营养诊断系统设计与试验 [J]. 农业机械学报, 47 (3)：305-310.

雷万钧, 赵宏伟, 辛柳, 等, 2015. 钾肥施用量对寒地粳稻不同穗位籽粒灌浆过程和产量的影响 [J]. 中国土壤与肥料 (5)：37-43.

李朝苏, 汤永禄, 吴春, 等, 2015. 施氮量对四川盆地小麦生长及灌浆的影响 [J]. 植物营养与肥料学报, 21 (4)：873-883.

李潮海, 刘奎, 周苏玫, 等, 2002. 不同施肥条件下夏玉米光合对生理生态因子的响应 [J]. 作物学报, 28 (2)：265-269.

李佳帅, 杨再强, 李永秀, 等, 2019. 不同水分条件下葡萄临界氮稀释曲线模型的建立及氮素营养诊断 [J]. 中国农业气象, 40 (8)：523-533.

李璐璐, 明博, 高尚, 等, 2018. 夏玉米籽粒脱水特性及与灌浆特性的关系 [J]. 中国农业科学, 51 (10)：1 878-1 889.

李婷, 李世清, 占爱, 等, 2018. 地膜覆盖、氮肥与密度及其互作对黄土旱塬春玉米氮素吸收、转运及生产效率的影响 [J]. 中国农业科学, 51 (8)：1 504-1 517.

李向岭, 赵明, 李从锋, 等, 2010. 播期和密度对玉米干物质积累动态的影响及其模型的建立 [J]. 作物学报, 36 (12)：2 143-2 153.

李轶冰, 逄焕成, 李华, 等, 2013. 粉垄耕作对黄淮海北部春玉米籽粒灌浆及产量的影响 [J]. 中国农业科学, 46 (14)：3 055-3 064.

李正鹏, 冯浩, 宋明丹, 2015a. 关中平原冬小麦临界氮稀释曲线和氮营养指数研究 [J]. 农业机械学报, 46 (10)：177-183.

李正鹏, 宋明丹, 冯浩, 2015b. 关中地区玉米临界氮浓度稀释曲线的建立和验证 [J]. 农业工程学报, 31 (13)：135-141.

梁效贵, 张经廷, 周丽丽, 等, 2013. 华北地区夏玉米临界氮稀释曲线和氮营养指数研究 [J]. 作物学报 (2)：292-299.

林国林, 云鹏, 陈磊, 等, 2011. 小麦季磷肥施用对后作玉米的效果及土壤中无机磷形态转化的影响 [J]. 土壤通报, 42 (3)：676-680.

刘秋霞, 任涛, 张亚伟, 等, 2019. 华中区域直播冬油菜临界氮浓度稀释曲线的建立与应用 [J]. 中国农业科学, 52 (16)：2 835-2 844.

吕鹏, 张吉旺, 刘伟, 等, 2011. 施氮时期对超高产夏玉米产量及氮素吸

收利用的影响 [J]. 植物营养与肥料学报，17（5）：1 099-1 107.

吕茹洁，商庆银，陈乐，等，2018. 水稻基于临界氮浓度的水稻氮素营养诊断研究 [J]. 植物营养与肥料学报，24（5）：1 396-1 405.

马露露，吕新，张泽，等. 2018. 基于临界氮浓度的滴灌棉花氮素营养诊断模型研究 [J]. 农业机械学报，49（2）：277-283.

马新明，张娟娟，熊淑萍，等，2005. 氮肥用量对不同品质类型小麦品种籽粒灌浆特征和产量的影响 [J]. 麦类作物学报（6）：80-85.

孟兆江，孙景生，段爱旺，等，2010. 调亏灌溉条件下冬小麦籽粒灌浆特征及其模拟模型 [J]. 农业工程学报，26（1）：18-23.

倪长安，李心平，刘师多，等，2009. 机收玉米破损的危害及预防 [J]. 农机化研究，31（8）：221-224.

强生才，张富仓，田建柯，等，2015. 基于叶片干物质的冬小麦临界氮稀释曲线模拟研究 [J]. 农业机械学报，46（11）：121-128.

乔江方，朱卫红，谷利敏，等，2017. 夏玉米不同粒位蛋白质组分氮素效应及与籽粒脱水的关系研究 [J]. 玉米科学，25（4）：92-96.

石小虎，蔡焕杰，2018. 基于叶片 SPAD 估算不同水氮处理下温室番茄氮营养指数 [J]. 农业工程学报，34（17）：124-134.

史建国，崔海岩，赵斌，等，2013. 花粒期光照对夏玉米产量和籽粒灌浆特性的影响 [J]. 中国农业科学，46（21）：4 427-4 434.

万述伟，张守才，赵明，等，2013. 豆粕有机肥与化肥配施对大棚春黄瓜产量品质和土壤肥力的影响 [J]. 中国农学通报，29（31）：188-193.

万泽花，任佰朝，赵斌，等，2018. 不同熟期夏玉米品种籽粒灌浆与脱水特性及其密度效应 [J]. 作物学报，44（10）：1 517-1 526.

汪东炎，郭李萍，李豫婷，等，2019. 大气 CO_2 浓度升高对不同穗型冬小麦灌浆动态的影响 [J]. 中国农业气象，40（5）：284-292.

汪峰，李国安，王丽丽，等，2017. 减量施氮对大棚黄瓜产量和品质的影响 [J]. 应用生态学报，8（11）：3 627-3 633.

王贺正，徐国伟，吴金芝，等，2013. 不同氮素水平对豫麦 49-198 籽粒灌浆及淀粉合成相关酶活性的调控效应 [J]. 植物营养与肥料学报，19（2）：288-296.

王佳慧，高震，曲令华，等，2017. 氮肥后移对滴灌夏玉米源库特性及产

量形成的影响 [J]. 中国农业大学学报, 22 (8): 1-8.

王俊忠, 黄高宝, 张超男, 等, 2009. 施氮量对不同肥力水平下夏玉米碳氮代谢及氮素利用率的影响 [J]. 生态学报, 29 (4): 2 045-2 052.

王维, 陈建军, 吕永华, 等, 2012. 烤烟氮素营养诊断及精准施肥模式研究 [J]. 农业工程学报, 28 (9): 77-84.

王小春, 杨文钰, 邓小燕, 等, 2014. 玉/豆和玉/薯模式下氮肥运筹对玉米氮素利用和土壤硝态氮残留的影响 [J]. 应用生态学报, 25 (10): 2 868-2 878.

王晓慧, 张磊, 刘双利, 等, 2014. 不同熟期春玉米品种的籽粒灌浆特性 [J]. 中国农业科学, 47 (18): 3 557-3 565.

王新, 马富裕, 刁明, 等, 2013. 滴灌番茄临界氮浓度、氮素吸收和氮营养指数模拟 [J]. 农业工程学报, 29 (18): 99-108.

王永宏, 2014. 宁夏玉米栽培 [M]. 北京: 中国农业科学技术出版社.

王振峰, 王小明, 朱云集, 等, 2013. 不同施氮量对冬小麦籽粒灌浆特性的影响 [J]. 中国土壤与肥料 (5): 40-45.

王子胜, 金路路, 赵文青, 等, 2012. 东北特早熟棉区不同群体棉花氮临界浓度稀释模型的建立初探 [J]. 棉花学报, 24 (5): 427-434.

魏珊珊, 王祥宇, 董树亭, 2014. 株行距配置对高产夏玉米冠层结构及籽粒灌浆特性的影响 [J]. 应用生态学报, 25 (2): 441-450.

吴建富, 施翔, 肖青亮, 等, 2003. 我国肥料利用现状及发展对策 [J]. 江西农业大学学报, 25 (5): 725-727.

吴清丽, 高茂盛, 廖允成, 等, 2009. 氮素对冬小麦光合物质贮运及籽粒灌浆进程的影响 [J]. 干旱地区农业研究, 27 (2): 120-124.

武文明, 王世济, 陈洪俭, 等, 2016. 氮肥运筹对苗期受渍夏玉米籽粒灌浆特性和产量的影响 [J]. 玉米科学, 24 (6): 120-125.

向友珍, 张富仓, 范军亮, 等, 2016. 基于临界氮浓度模型的日光温室甜椒氮营养诊断 [J]. 农业工程学报, 32 (17): 89-97.

徐田军, 吕天放, 赵久然, 等, 2016. 玉米籽粒灌浆特性对播期的响应 [J]. 应用生态学报, 27 (8): 2 513-2 519.

徐田军, 吕天放, 赵久然, 等, 2018. 玉米生产上 3 个主推品种光合特性、干物质积累转运及灌浆特性 [J]. 作物学报, 44 (3): 414-422.

薛利红，曹卫星，罗卫红，等，2003. 基于冠层反射光谱的水稻群体叶片氮素状况监测 [J]. 中国农业科学（7）：807-812.

薛晓萍，陈兵林，郭文琦，等，2006a. 棉花临界需氮量动态定量模型 [J]. 应用生态学报，7（12）：2 363-2 370.

薛晓萍，王建国，郭文琦，等，2006b. 氮素水平对初花后棉株生物量、氮素累积特征及氮素利用率动态变化的影响 [J]. 生态学报，26（11）：3 631-3 640.

杨慧，曹红霞，柳美玉，等，2015. 水氮耦合条件下番茄临界氮浓度模型的建立及氮素营养诊断 [J]. 植物营养与肥料学报，21（5）：1 234-1 242.

杨明达，关小康，刘影，等，2019. 滴灌模式和水分调控对夏玉米干物质和氮素积累与分配及水分利用的影响 [J]. 作物学报，45（3）：443-459.

易秋香，黄敬峰，王秀珍，等，2006. 玉米全氮含量高光谱遥感估算模型研究 [J]. 农业工程学报（9）：138-143.

银敏华，李援农，谷晓博，等，2015. 氮肥运筹对夏玉米氮素盈亏与利用的影响 [J]. 农业机械学报，46（10）：167-176.

于鑫，李俊，张金恒，等，2013. 黄化曲叶病毒病胁迫下番茄生化参数光谱响应特性 [J]. 中国农学通报，29（16）：84-89.

岳克，马雪，宋晓，等，2018. 新型氮肥及施氮量对玉米产量和氮素吸收利用的影响 [J]. 中国土壤与肥料（4）：75-81.

张富仓，严富来，范兴科，等，2018. 滴灌施肥水平对宁夏春玉米产量和水肥利用效率的影响. 农业工程学报，34（22）：111-120.

张海艳，董树亭，高荣岐，2007. 不同类型玉米籽粒灌浆特性分析 [J]. 玉米科学，15（3）：67-70.

张丽，张吉旺，樊昕，等，2015. 玉米籽粒比重与灌浆特性的关系 [J]. 中国农业科学，48：2 327-2 334.

张卫峰，马林，黄高强，等，2013. 中国氮肥发展、贡献和挑战 [J]. 中国农业科学，46（15）：3 161-3 171.

张延丽，2008. 设施栽培条件下黄瓜的氮素营养诊断研究 [D]. 咸阳：西北农林科技大学.

张永强，陈传信，方辉，等，2019. 弱光下种植密度对冬小麦冠层温湿度

及籽粒灌浆的影响 [J]. 中国农业气象, 40 (5): 301-307.

赵犇, 姚霞, 田永超, 等, 2012. 基于临界氮浓度的小麦地上部氮亏缺模型 [J]. 应用生态学报, 23 (11): 3 141-3 148.

赵久然, 王荣焕, 2009. 美国玉米持续增产的因素及其对我国的启示 [J]. 玉米科学, 17 (5): 156-159.

赵如浪, 杨滨齐, 王永宏, 等, 2014. 宁夏高产玉米群体产量构成及生长特性研究 [J]. 玉米科学, 22 (3): 60-66.

赵帅, 潘东进, 欧阳兆鹏, 等, 2012. 不同氮肥类型及施氮水平对大棚黄瓜和水分利用效率的影响 [J]. 北京农学院学报, 27 (1): 18-21.

Allen R G, 2000. Using the FAO-56 dual crop coefficient method over an irrigated region as part of an evapotranspiration intercomparison study [J]. Journal of Hydrology, 229 (1): 27-41.

Ata-Ul-Karim S T, Liu X, Lu Z, et al, 2017a. Comparison of different critical nitrogen dilution curves for nitrogen diagnosis in rice [J]. Scientific Reports, 42: 67-81.

Ata-Ul-Karim S T, Yao X, Liu X, et al, 2013. Development of critical nitrogen dilution curve of Japonica rice in Yangtze river reaches [J]. Field Crops Research, 149: 149-158.

Ata-Ul-Karim S T, Zhu Y, Lu X J, et al, 2017b. Estimation of nitrogen fertilizer requirement for rice crop using critical nitrogen dilution curve [J]. Field Crops Research, 201: 32-40.

Ata-Ul-Karim S T, Zhu Y, Yao X, et al, 2014. Determination of critical nitrogendilution curve based on leaf area index in rice [J]. Field Crops Research, 167: 76-85.

Bar-Tal A, Aloni B, Karni L, et al, 2001. Nitrogen nutrition of greenhouse pepper. II. Effects of nitrogen concentration and NO_3: NH_4 ratio on growth, transpiration, and nutrient uptake [J]. Hort Science, 36 (7): 1 252-1 259.

Boomsma C R, Santini J B, Tollenaar M, et al, 2009. Maize per-plant and canopy-level morpho-physiological responses to the simultaneous stresses of intense crowding and low nitrogen availability [J]. Agronomy Journal, 101:

1 426-1 452.

Borras L, Zinselmeier C, Senior M L, et al, 2009. Characterization of grain-filling patterns in diverse maize germplasm [J]. Crop Science, 49 (3): 999-1 009.

Bowman W D, Cleveland C C, Haladal A, et al, 2008. Negative impact of nitrogen deposition on soil buffering capacity [J]. Nature Geoscience, 1 (11): 767-770.

Brye K R, Norman J M, Gower S T, 2003. Methodological limitations and N-budget differences among a restored tallgrass prairie and maizeagroecosystems [J]. Agric Ecosyst Environ, 97 (1-3): 181-198.

Chakwizira E, Ruiter J M D, Maley S, et al, 2016. Evaluating the critical nitrogen dilution curve for storage root crops [J]. Field Crops Research, 199: 21-30.

Chen P F, Wang J H, Huang W J, et al, 2013. Critical nitrogen curve and remote detection of nitrogen nutrition index for corn in the Northwestern Plain of Shandong province, China [J]. IEEE Journal of Selected Topics in Applied Earth Observations & Remote Sensing, 6 (2): 682-689.

Christos A D, 2011. Nitrogen nutrition index and its relationship to N use efficiency in linseed [J]. European Journal of Agronomy, 34: 124-132.

Debaeke P, Oosterom E V, Justes E, et al, 2012. A species specific critical nitrogen dilution curve for sunflower (Helianthus annuus L.) [J]. Field Crops Research, 136: 76-84.

Dwyer M, Ma L, Evenson L, et al, 1994. Maize physiological traits related to grain yield and harvest moisture in mid- to short-season environments [J]. Crop Science, 34 (4): 985-992.

Fitzgerald G, Rodriguez D, O'Leary G, 2010. Measuring and predicting canopy nitrogen nutrition in wheat using a spectral index—the canopy chlorophyll content index (CCCI) [J]. Field Crops Reserch, 116: 318-324.

Gambin B L, Borras L, Otegui M E, 2007. Kernel water relations and duration of grain filling in maize temperate hybrids [J]. Field Crops Research, 101 (1): 1-9.

Gasparatos D, 2007. Specific leaf area and leaf nitrogen concentration of Lantana in response to light regime and triazole treatment [J]. Communications in Soil Science and Plant Analysis, 38 (17-18): 2 323-2 331.

Ghasemi N, Sahebi M R, Mohammadzadeh A, 2011. A review on bio-mass estimation methods using synthetic aperture radar data [J]. International Journal of Geomatics & Geosciences, 1: 776-788.

Giletto C M, Echeverría H E, 2012. Critical nitrogen dilution curve for processing potato in Argentinean humid pampas [J]. Am J Potato Res, 89 (2): 102-110.

Gislum R, Boelt B, 2009. Validity of accessible critical introgen1s dilution curves in perennial ryegrass for seed production [J]. Field Crops Research, 111 (1-2): 152-156.

Greenwood D J, Gastal F, Lemaire G, 1991. Growth rate and %N of field grown crops: theory and experiments [J]. Ann Bot, 67 (2): 181-190.

Greenwood J, Lemaire G, Gosse G, et al, 1990. Decline in percentage N of C3 and C4 crops with increasing plant mass [J]. Annals of Botany, 66 (4): 425-436.

Guo B-Y, GaoH, Tang C, et al, 2015. Effects of water and fertilizer interaction on nitrogen uptake, water and nitrogen use efficiency and yield of drip irrigation maize [J]. Journal of Applied Ecology, 26 (12): 3 679-3 686.

Guo J H, Liu X J, Zhang Y, et al, 2010. Significant acidification in major Chinese croplands [J]. Science, 327 (5 968): 1 008-1 010.

Hansen P M, Schjoerring J K, 2003. Reflectance measurement of canopy biomass and nitrogen status in wheat crops using normalized difference vegetation indices and partial least squares regression [J]. Remote Sensing of Environment, 86 (4): 542-553.

Herrmann A, Taube F, 2004. The range of the critical nitrogen dilution curve for maize (*Zea mays* L.) can be extended until silage maturity [J]. Agronomy Journal, 96 (4): 1 131-1 138.

Huang S Y, 2018. A new critical nitrogen dilution curve for rice nitrogen status diagnosis in Northeast China [J]. Pedosphere, 28 (5): 120-128.

Hu D W, Sun Z P, Li T L, et al, 2014. Nitrogen nutrition index an its relationship with N use efficiency, tuber yield, radiation use efficiency, and leaf parameters in potatoes [J]. Journal of Inte Tive Agriculture, 13 (5): 1 008-1 016.

Jamieson P D, Porter J R, Wilson D R, 1991. A test of the computer simulation model ARCWHEAT1 on wheat crops grown in New Zealand [J]. Field Crops Res, 27 (4): 337-350.

Jiang J, Zhai D P, Zhang C B, 2019. Effects of fertigation levels on water and salt distribution and yield of salinized farmland [J]. Chinese Journal of Applied Ecology, 30 (4): 1 207-1 217.

Judith N, Adrien N D, Martin H C, et al, 2009. Variations in corn yield and nitrogen uptake in relation to soil attributes and nitrogen availability indices [J]. Soil Science Society of America Journal, 73 (1): 317-327.

Justes E, Mary B, Meynard J M, et al, 1994. Determination of a critical nitrogen dilution curve for winter wheat crops [J]. Annals of Botany, 74 (4): 397-407.

Kage H, Alt C, Stützel H, 2002. Nitrogen concentration of cauliflower organs as determined by organ size, N supply, and radiation environment [J]. Plant Soil, 246 (2): 201-209.

Le Bot J, Adamowicz S, Robin P, 1998. Modelling plant nutrition of horticultural crop: a review [J]. Scientia Horticulturae, 74: 47-82.

Lemaire G, Avice J C, Kim T H, et al, 2005. Developmental changes in shoot N dynamics of lucerne in relation to leaf growth dynamics as a function of plant density and hierarchical position within the canopy [J]. Journal of Experimental Botany, 56: 935-943.

Lemaire G, Marie-Hélène J, Grancois F, 2008. Diagnosis tool for plant and crop N status in vegetative stage: theory and practices for crop N management [J]. European Journal of Agronomy, 28: 614-624.

Lemaire G, Onillon B, Onillon G, 1991. Nitrogen distribution within a Luceme canopy during regrowth: relation with light distribution [J]. Ann Bot, 68 (6): 483-488.

Lemaire G, Salette J, 1984. Relation entre dynamique de croissance et dynamique deprélèvement d'azote pour un peuplement de graminées fourragères. I. –Etude de l'effet du milieu [J]. Agronomie, 4: 423–430.

Lemaire G, Van Oosterom E, Sheehy J, et al, 2007. Is crop demand more closely related to dry matter accumulation or leaf area expansion during vegetative growth [J]. Field Crops Research, 100: 91–106.

Li C–C, Chen P, Lu G Z, et al, 2018. Retrieving the nitrogen balance index of typical growth period of soybean based on high–definition digital image and hyperspectral remote sensing data of UAV [J]. Chinese Journal of Applied Ecology, 29 (4): 1 225–1 232.

Liang X G, Zhang J T, Zhou L L, et al, 2013. Study on critical nitrogen dilution curve and nitrogen nutrition index of summer maize in north China [J]. Acta Agron Sin, 39 (2): 292–299.

Li F, Miao Y, Feng G, et al, 2014. Improving estimation of summer maize nitrogen status with red edge – based spectral vegetation indices [J]. Field Crops Research, 157: 111–123.

Liu C, Li F, Zhou L, et al, 2013. Effects of water management with plastic film in a semi–arid agricultural system on available soil carbon fractions [J]. European Journal of Soil Biology, 57 (7): 9–12.

Liu J L, Zhan A, Bu L D, et al, 2014. Understanding dry matter and nitrogen accumulation for high–yielding film–mulched maize [J]. Agronomy Journal, 106 (2): 390–396.

Liu X, Zhang Y, Han W, et al, 2013. Enhanced nitrogen deposition over China [J]. Nature, 494 (7 438): 459–462.

Li W J, He P, Jin J Y, 2012. Critical nitrogen curve and nitrogen nutrition index for spring maize in North–East China [J]. Journal of Plant Nutrition, 35 (11): 1 747–1 761.

Li Z P, Song M D, Feng H, 2015. Establishment and verification of dilution curve of critical nitrogen concentration in maize in Guanzhong area [J]. Transactions of the Chinese Society of Agricultural Engineering, 31 (13): 135–141.

Lyu R J, Shang Q Y, Chen L, et al, 2018. Diagnostic study of nitrogen nutrition in rice based on critical nitrogen concentration [J]. Journal of Plant Nutrition and Fertilizers, 24 (5): 1 396-1 405.

Ma LL, Lyu X, Zhang Z, et al, 2018. Study on nitrogen nutrition diagnosis model of cotton under drip irrigation based on critical nitrogen concentration [J]. Transactions of the Chinese Society of Agricultural Engineering, 49 (2): 277-283.

Marianne H, Sadras V O, 2018. Water stress scatters nitrogen dilution curves in wheat [J]. Frontiers in Plant Science, 9: 406.

Mosisa W, Marianne B, Gunda S, et al, 2007. Nitrogen uptake and utilization in contrasting nitrogen efficient tropical maize hybrids [J]. Crop Science, 47 (2): 519-528.

Miao Y X, Stewart B A, Zhang F S, 2011. Long-term experiments for sustainable nutrient management in China [J]. Agronomy for Sustainable Development, 31 (2): 397-414.

Novoa R, Loomis R S, 1981. Nitrogen and plant production. Plant Soil [J]. 58: 177-204.

Peng S, Buresh R J, Huang J, et al, 2006. Strategies for overcoming low agronomic nitrogen use efficiency in irrigated rice systems in China [J]. Field Crops Research, 96: 37-47.

Plénet D, Lemaire G, 2000. Relationships between dynamics of nitrogen uptake and dry matter accumulation in maize crops, determination of critical N concentration [J]. Plant Soil, 216: 65-82.

Raun W R, Johnson G V, 1999. Improving nitrogen use efficiency for cereal production [J]. Agronomy Journal, 91: 357-363.

Seginer I, 2004. Plant spacing effect on the nitrogen concentration of a crop [J]. European Journal of Agronomy, 21 (3): 369-377.

Sheehy J E, Dionora M J A, Mitchell P L, et al, 1998. Critical nitrogen concentrations: implications for high-yielding rice (*Oryza sativa* L.) cultivars in the tropics [J]. Field Crops Research, 59 (1): 31-41.

Shi X H, Cai H J, 2018. Es'timation of nitrogen nutrition index of greenhouse tomato under different water and nitrogen treatment based on leaf SPAD [J]. Transactions of the Chinese Society of Agricultural Engineering, 34 (17): 124-134.

Sinclair T R, Horie T, 1989. Leaf nitrogen, photosynthesis and crop radiation use efficiency: a review [J]. Crop Science, 29: 90-98.

Song K S, Jeon K S, Choi K S, et al, 2015. Characteristics of photosynthesis and leaf growth of peucedanum japonicum by leaf mold and shading level in forest farming [J]. Korean Journal Korean Journal of Medicinal Crop Science, 23 (1): 43-48.

Ufuk K, Cetin P, 2010. Comparative study on some non-linear growth models for describing leaf growth for maize [J]. International Jourak of Agriculture and Biology, 12 (2): 227-230.

Ulrich A, 1952. Physiological bases for assessing the nutritional requirements of plants [J]. Annual Review of Plant Physiology, 3 (1): 207-228.

Wang L G, Tian Y C, Li W L, et al, 2012. Estimation of nitrogen accumulation in winter wheat leaves based on ground-space remote sensing coupling [J]. Chinese Journal of Applied Ecology, 23 (1): 73-80.

Wang X C, Yang W X, Deng X Y, et al, 2014. Effects of nitrogen fertilizer application on nitrogen use and soil nitrate-nitrogen residues in maize under jade/bean and jade/sweet mode [J]. The Journal of Applied Ecology, 25 (10): 2 868-2 878.

Wen M J, Wang C B, Huo L, et al, 2019. Effects of deep pine and straw returning on soil physical properties and maize production in the Yellow River Irrigation Area of Gansu Province [J]. Chinese Journal of Applied Ecology, 30 (1): 224-232.

Wood A W, Muchow R C, Robertson M J, 1996. Growth of sugarcane under high input conditions in tropical Australia. III. Accumulation, partitioning and use of nitrogen [J]. Field Crops Research, 48 (2-3): 223-233.

Willmott C J, 1982. Some comments on the evaluation of model performance [J]. Bulletin of the American Meteorological Society, 63 (11): 1 309-1 369.

Yang J, Greenwood D J, Rowell D L, et al, 2000. Statistical methods for evaluating a crop nitrogen simulation model, N – ABLE [J]. Agricultural Systems, 64: 37-53.

Yao F Y, Wang L C, Duo X Q, et al, 2019. Effects of different nitrogen fertilizers on annual greenhouse gas emissions from spring maize farmland in Northeast China [J]. Chinese Journal of Applied Ecology, 30 (4): 1 303- 1 311.

Yao X, Ata-Ul-Karim S T, Zhu Y, et al, 2014a. Development of critical nitrogen dilution curve in rice based on leaf dry matter [J]. European Journal of Agronomy, 55: 20-28.

Yao X, Zhao B, Tian Y C, et al, 2014b. Using leaf dry matter to quantify the critical nitrogen dilution curve for winter wheat cultivated in eastern China [J]. Field Crop Research, 159: 33-42.

Yasuor H, Ben Gal A, Yermiyahu U, et al, 2013. Nitrogen management of greenhouse pepper production: Agronomic nutritional, and environmental implications [J]. Hort Science, 48 (10): 1 241-1 249.

Yin M H, Li Y N, Gu X B, et al, 2015. Effects of nitrogen fertilizer management on nitrogen profit and loss and utilization of summer maize [J]. Transactions of the Chinese Society of Agricultural Engineering, 46 (10): 167-176.

Yin S, Li P, Xu Y, et al, 2018. Logistic model – based genetic analysis for kernel filling in a maize RIL population [J]. Euphytica, 214 (5): 86-89.

Yuan M W, Couture J J, Townsend P A, et al, 2016. Spectroscopic determination of leaf nitrogen concentration and mass per area in sweet corn and snap bean [J]. Agronomy Journal, 108 (6): 2 519-2 526.

Yue S C, Sun F L, Meng Q F, 2014. Validation of a critical nitrogen curve for summer maize in the north China plain [J]. Pedosphere, 24 (1): 76-83.

Zhao B, Ata-Ul-Karim S T, Liu Z, et al, 2017. Development of a critical nitrogen dilution curve based on leaf dry matter for summer maize [J]. Field Crops Research, 208: 60-68.

Zhao B, Ata-Ul-Karim S T, Liu Z, et al, 2018a. Simple assessment of nitrogen nutrition index in summer maize by using chlorophyll meter readings [J]. Frontiers in Plant Science, 9 (11): 11.

Zhao B, 2014a. Determining of a critical dilution curve for plant nitrogen concentration in winter barley [J]. Field Crops Research, 160: 64-72.

Zhao B, Duan A W, Ata-Ul-Karim S T, et al, 2018b. Exploring new spectral bands and vegetation indices for estimating nitrogen nutrition index of summer maize [J]. European Journal of Agronomy, 93: 113-125.

Zhao B, Liu Z D, Ata-Ul-Karim S T, et al, 2016. Rapid and nondestructive estimation of the nitrogen nutrition index in winter barley using chlorophyll measurements [J]. Field Crops Research, 185: 59-68.

Zhao B, Yao X, Tian Y, et al, 2014b. New critical nitrogen curve based on leaf area index for winter wheat [J]. Agronomy journal, 106: 379-389.

Zhao R L, Yang B Q, Wang Y H, et al, 2014. Yield structure and growth characteristics of high yield maize population in Ningxia [J]. Journal of Maize Sciences, 22 (3): 60-66.

Zheng H, Liu Y, Qin Y, et al, 2015. Establishing dynamic thresholds for potato nitrogen status diagnosis with the SPAD chlorophyll meter [J]. Journal of Integrative Agriculture, 14 (1): 190-195.

Ziadi N, Brassard M, Belanger G, et al, 2008. Critical ritrogen curve land nitrogen nutrition index for corn in eastern Canada [J]. Agronomy Journal, 100: 271-276.

Zia D N, Belanger G, Claessens A, 2010. Determination of a critical nitrogen dilution curve for spring wheat [J]. Agronomy Journal, 102 (1): 241-250.